Juliane Müller

Zwei arabische Dialoge zur Alchemie

ISLAMKUNDLICHE UNTERSUCHUNGEN • BAND 310

begründet
von Klaus Schwarz

herausgegeben
von Gerd Winkelhane

ISLAMKUNDLICHE UNTERSUCHUNGEN • BAND 310

Juliane Müller

Zwei arabische Dialoge zur Alchemie

Die Unterredung des Aristoteles mit dem Inder Yūhīn
und das Lehrgespräch der Alchemisten Qaydarūs und Mītāwus
mit dem König Marqūnus

Edition, Übersetzung und Kommentar

KS

KLAUS SCHWARZ VERLAG • BERLIN

Bibliografische Information der Deutschen Bibliothek
Die Deutsche Bibliothek verzeichnet diese Publikation in der Deutschen Nationalbibliografie; detaillierte bibliografische Daten sind im Internet über *http://dnb.ddb*.de abrufbar.

British Library Cataloguing in Publication data
A catalogue record for this book is available from the British Library.
http://www.bl.uk

Library of Congress control number available
http://www.loc.gov

Titelabb.: Ausschnitt aus fol. 99a der Handschrift 4501 der Chester Beatty Library, Dublin (Dialog zwischen Qaydarūs, Mītāwus und Marqūnus)

www.klaus-schwarz-verlag.com

Erstausgabe
1. Auflage
Herstellung: J2P Berlin
Gedruckt auf chlorfrei gebleichtem Papier
Printed in Germany
ISBN 978-3-87997-414-6

Inhaltsverzeichnis

Vorwort...9

A Der Dialog zwischen Aristoteles und Yūḥīn

1 Edition und Übersetzung...13
1.1 Die Handschrift...13
1.2 Editionsprinzipien...13
1.3 Siglenverzeichnis...14
1.4 كتاب فيه خبر يوهين الهندي [...] ومحاورته الحكيم أرسطاطاليس.......15←26
1.5 Übersetzung..27
2 Kommentar..40
2.1 Konzeption des Dialogs...40
2.1.1 Rahmenhandlung...40
2.1.2 Die Gesprächspartner...40
2.1.2.1 Aristoteles...40
2.1.2.2 Yūḥīn...41
2.1.3 Dialogstruktur und funktionale Rollenverteilung....................41
2.2 Inhaltliche Analyse: Themen und Intertexte.............................43
2.2.1 Kosmologie 43
2.2.1.1 Die vier Naturen...43
– Diskussion über die Naturen, ausgehend von der Frage nach dem Stein...43
– Wie kommt es zur Verschiedenheit von Substanzen mit denselben Naturen?..44
– Gift tötet durch seine Kälte...45
– Verhältnis der Naturen zu den Geschmacksqualitäten.................45
2.2.1.2 Entstehung der Materie durch Gottes Schöpfung......................45
– Ursprung der Naturen...45
– Lokalität Gottes..45
– Die Erschaffung der Erde / des Bleis..47
2.2.1.3 Ablehnung der Beschreibung Gottes..49
2.2.1.4 Schöpfung von Himmel und Erde...50
2.2.2 Auskünfte Yūḥīns zu Geistern und Askese...................................51
2.2.2.1 Reinigung des Geistes durch asketischen Essensverzicht...........51
2.2.2.2 Einwirkung der Geister (*arwāḥ*) auf die Körper (*ağsād*)..................53

– Allem Seienden wohnt ein Geist / πνεῦμα inne 53
– Das Schädliche kommt nicht vom Teufel, sondern von Gott 54
– Schaden durch Eintritt des Geistes in den Körper? 54
– Verwendung der Geister zur Entfernung körperlichen Schadens 54
– Die Geister sind den Indern dienstbar 55
2.2.3 Das alchemische Werk 55
2.2.3.1 Zubereitung des Elixiers zur Goldherstellung 55
2.2.3.2 Dauer und Zeitpunkt des Werks 57
2.2.3.3 Symbole des Werks bei den hellenistischen Alchemisten 58
– Maria: Das Ei 58
– Hermes: Der Knabe 58
– Zosimos: Der Mensch mit seiner Seele als *quinta essentia* 59
3 Zusammenfassung: Literaturgeschichtliche Einordnung des Dialogs 60

B Der Dialog zwischen Qaydarūs, Mītāwus und Marqūnus

1 Edition und Übersetzung 66
1.1 Die Handschriften 66
1.1.1 Ms. Dublin, Chester Beatty 4501 / 3 66
1.1.2 Ms. Dublin, Chester Beatty 4496 / 3 67
1.2 Die Nebenüberlieferung 67
1.2.1 Ibn Umayl 67
1.2.2 as-Sīmāwī 68
1.2.3 al-Ǧildakī 68
1.2.4 al-Ḥalabī 69
1.3 Editionsprinzipien 69
1.4 Siglenverzeichnis 70
1.5 رسالة الحكيم قيدروس .... 71←94
1.6 Übersetzung 95
2 Kommentar 118
2.1 Konzeption des Dialogs 118
2.1.1 Incipit und Herkunftslegende 118
2.1.2 Rahmenhandlung 120
2.1.3 Personen 121
2.1.3.1 Qaydarūs 121
2.1.3.2 Mītāwus 122
2.1.3.3 Marqūnus 123

2.1.4 Gesprächsführung ... 124
2.2 Inhaltliche Analyse ... 125
2.2.1 Übersicht zur thematischen Struktur des Lehrgesprächs ... 125
2.2.2 Themen und Intertexte ... 126
2.2.2.1 Die Geheimhaltung der Alchemie ... 126
2.2.2.2 Das alchemische Werk ... 129
– Die beiden Steine ... 129
– Herstellung der Magnesia der Weisen (*taswīd*) ... 130
– Reinigung und Trennung der Seele vom Körper der Magnesia ... 132
– Weißung des Körpers (*tabyīḍ*) und Rückführung seiner Seele ... 132
2.2.2.3 Die Herstellung des Elixiers ... 134
3 Zusammenfassung:
Der Dialog in seinem literarischen Kontext ... 138

Literaturverzeichnis ... 142

Glossar ... 149
1 Der Dialog zwischen Aristoteles und Yuhīn ... 149
1.1 Substanzen ... 149
1.2 Verfahren ... 151
2 Der Dialog zwischen Qaydarūs, Mītāwus und Marqūnus ... 152
2.1 Substanzen ... 152
2.2 Geräte ... 158
2.3 Verfahren ... 159

Zwei arabische Dialoge zur Alchemie

Kommentierte Edition und Übersetzung der Unterredung des Aristoteles mit dem Inder Yūhīn und des Lehrgesprächs der Alchemisten Qaydarūs und Mītāwus mit dem König Marqūnus

Einführung

Die arabische Literatur zur Alchemie stellt ein zur Zeit noch weitgehend unerschlossenes Feld dar, das sich auf überaus umfangreiche Handschriftenmaterialien in verschiedenen orientalischen und westlichen Bibliotheken gründet. Nur wenige dieser Texte sind bislang editions- oder literaturwissenschaftlich bearbeitet worden.[1] Zu den bisher nur wenig beachteten Schriften gehören vor allem auch die zahlreichen pseudepigraphen Werke aus dem 8. bis 10. Jh. n. Chr., die am Übergang von der hellenistischen zur arabischen Alchemie angesiedelt sind und nach Manfred ULLMANN die „früheste Stufe der arabischen alchemistischen Literatur" repräsentieren.[2]

Die vorliegende Veröffentlichung widmet sich zweien dieser alchemistischen Pseudepigrapha, die beide in Dialogform verfasst worden sind. Beide Werke sind zwar ihrem Titel nach in der bisherigen Forschung bekannt, waren jedoch bislang weder in einer Textedition zugänglich gewesen noch auf ihre Inhalte hin untersucht worden. Manfred ULLMANN führt beide Dialoge in seinem 1972 erschienenen Band zu den Natur- und Geheimwissenschaften im Islam auf, und auch in Fuat SEZGINS Geschichte

---

1 Zur arabischen alchemistischen Literatur s. ULLMANN 1972, 145–270 und 1974 sowie SEZGIN 1971, 1–300.

2 ULLMANN 1972, 151f. Während SEZGIN (1971, 14f) sämtliche arabische Pseudepigrapha unter griechischem Namen als Übersetzungen hellenistischer Texte auffasst, spricht ULLMANN sich für eine differenziertere Einordnung der betreffenden Texte aus. Nur durch individuelle Untersuchung der einzelnen Pseudepigrapha könne entschieden werden, ob es sich jeweils um eine Übersetzung aus dem Griechischen, eine arabische Bearbeitung griechischer Vorlagen oder aber um ein eigenständiges arabisches Werk handelt (s. ULLMANN 1972, 151f; vgl. RUDOLPH 1995, 123f; 2005, 170).

des arabischen Schrifttums von 1971 ist zumindest einer der beiden Texte verzeichnet.

Es handelt sich zum einen um das „Buch mit der Kunde vom Inder Yūhīn […] und seiner Unterredung mit dem Weisen Aristoteles“ (كتاب فيه خبر يوهين الهندي […] ومحاورته الحكيم أرسطاطاليس),[3] das lediglich in der Handschrift Leiden Cod. Or. 440 erhalten geblieben ist, und zum anderen um die „Abhandlung des Weisen Qaydarūs“ (رسالة الحكيم قيدروس).[4] Sie schildert das Lehrgespräch der beiden Alchemisten Qaydarūs und Mītāwus mit dem König Marqūnus und ist uns in zwei Handschriften der Dubliner Chester Beatty Library sowie in zitierten Fragmenten innerhalb von vier späteren alchemistischen Werken überliefert.

Auf die textkritische Edition der beiden arabischen Dialoge auf Grundlage der bekannten Handschriften folgt jeweils eine deutsche Übersetzung. Daran schließt sich für beide Werke jeweils ein ausführlicher inhaltlicher Kommentar an, der die Konzeption und Struktur der Dialoge untersucht und deren thematische Bezüge zu anderen Schriften der alchemistischen Literatur herausarbeitet, so dass die Texte abschließend in ihrem literarischen und geistesgeschichtlichen Kontext verortet werden können.

Zur lexikalischen Erschließung der Dialoge findet sich im Anhang ein Glossar der in den Texten verwendeten Bezeichnungen für alchemische Substanzen, Geräte und Verfahren.[5]

---

3 S. De Jong/De Goeje 1865, 195; Ullmann 1972, 157. Bei Sezgin 1971 findet sich kein Eintrag zu dem Text. De Jong/De Goeje (1865, 195) weisen im Katalogeintrag auf einen ähnlichen, im *Fihrist* von Ibn an-Nadīm dem Ostanes zugeordneten Titel hin und zitieren aus der *Fihrist*-Hs. Leiden 1221: فمن كتب أسطانس كتاب مجاورة أسطانس موهين ملك الهند – „Zu den Büchern des Ostanes gehört das ‚Buch der Nähe des Ostanes zu Mūhīn, dem König Indiens‘.“ Nach Ullmann (1972, 157) wäre mit dem im *Fihrist* erwähnten Text der hier edierte Dialog der Hs. Leiden Cod. Or. 440/4 gemeint und aufgrund einer Namensverwechslung von *Asṭānis* und *Arisṭāṭālīs* fälschlicherweise dem Ostanes zugeordnet worden. Der Name des Inders variiert in den verschiedenen Hss. des *Fihrist* und lautet dort entweder *m-w-h-y-n* oder *y (n, t, ṯ, b)-w-h-y-r (z)*, wie Fück (1951, 91) anmerkt. So steht in der Edition von Flügel und den Übersetzungen von Dodge und Fück sowie bei Bidez und Ruska im Gegensatz zur Leidener Hs. des Fihrist *Tawhīr* (s. Flügel 1966, 353 / Übers. s. Dodge 1970 II, 848: كتاب محاورة أسطانس توهير ملك الهند – „the Dialogue of Ostanes with Tawhir, King of India“. Bidez (2007 II, 270): „Thouir, roi de l'Inde“, Anm: auch Taouhir bzw. Tôhir. Ruska 1931, 269: „die Unterhaltungen des Ostanes mit Tauhīr (?), dem König von Indien“).

4 Vgl. Ullmann 1972, 156f; Sezgin 1971, 70.

5 Auf die Notwendigkeit der textbezogenen Untersuchung alchemistischer Stoffbezeichnungen und Decknamen angesichts variierender Bedeutungen der einzelnen

Mein herzlicher Dank für ihre freundliche Unterstützung und ihre Hilfe bei der Verwirklichung der Edition dieser beiden Dialoge gilt Frau Prof. Dr. Regula Forster, die diese Publikation mit Mitteln ihrer durch die Claussen-Simon-Stiftung geförderten Juniorprofessur ermöglicht hat.

Weiterhin danke ich dem Scaliger Institut der Universitätsbibliothek Leiden für die Gewährung eines Forschungsstipendiums zur Einsichtnahme in die Handschrift Cod. Or. 440 sowie den Mitarbeitern der Chester Beatty Library, Dublin, für die freundliche Bereitstellung ihres Handschriftenmaterials.

Bezeichnungen bei unterschiedlichen Autoren hat bereits ULLMANN (1972, 268–270) in seiner Kritik zu SIGGELS Decknamenlisten hingewiesen. Der im Glossar verzeichnete alchemistische Wortschatz der Dialoge kann durch den Vergleich mit anderen Texten für weitergehende Untersuchungen zur Einordnung der beiden Pseudepigrapha innerhalb der alchemistischen Literatur genutzt werden.

A

Die Unterredung des Aristoteles mit dem Inder Yūhīn

1 Edition und Übersetzung

1.1 Die Handschrift

Universiteitsbibliotheek Leiden, Oosterse Collecties, Cod. 440: Sammelhs. mit acht alchemistischen Werken.[1] Papier, 103 Folia. Vierter Text: *K. fīhi Ḫabar Yūhīn al-Hindī* (ff. 61a–64a). Zeilenzahl: 21. Schriftduktus: *nasḫī*. Punktierung der Konsonanten oftmals fehlend. Kurzvokale und *šadda* teilweise gesetzt; *hamza* nur bei *alif mamdūda* ausgeschrieben. Kustoden. Glosse auf fol. 63a: Kurze Erklärung zum Blutstein.[2] Kolophon auf fol. 64b ohne Angaben zu Datierung, Kopist oder Verfasser. Wasserflecken. Jüngerer orientalischer Ledereinband. Nach WITKAM handelt es sich um eine relativ alte Handschrift, die im 17. Jh. von der Leidener Universitätsbibliothek erworben wurde.[3]

1.2 Editionsprinzipien

Da bislang weder weitere Abschriften noch zitierte Abschnitte des Dialogs in anderen Werken bekannt sind, kann für die Edition des Textes nur auf die oben beschriebene Leidener Handschrift zurückgegriffen werden.

Orthographie und Interpunktion wurden der modernen Schreibweise angepasst und grammatische Abweichungen vom Hocharabischen im Text korrigiert und im Apparat vermerkt.[4] Sofern der Textsinn wesentlich betroffen ist, wird in Einzelfällen auch die fehlende Punktierung von Konsonanten im Apparat angezeigt. Tašdīd und Kurzvokale sind gelegentlich zur besseren Lesbarkeit gesetzt. Zur Vereinfachung der präzisen Lokalisierung bestimmter Textstellen wurde der Dialog in nummerierte Paragraphen untergliedert.

---

1 S. DE JONG / DE GOEJE 1865, 193–200; WITKAM 2007, 198f: Die weiteren in der Hs. enthaltenen Werke: 1. Ostanes: *K. al-Ǧāmiʿ*, 2. Ǧābir: *K. al-Mawāzīn aṣ-ṣaġīr*, 3. Krates: *Kanz al-kunūz*, 5. Anonym, o. T., 6. Ǧābir: Auszüge aus dem *K. at-Taǧmīʿ*, 7. Ǧābir: *K. ar-Raḥma*, 8. Ǧābir-Text zum Stein der Weisen (?).

2 Vgl. Kap. 2.2.3.1, Anm. 66 dieser Arbeit.

3 S. WITKAM 2007, 198f.

4 Der Text der Hs. weist zum Teil dialektale Einflüsse auf, wobei nicht ausgeschlossen werden kann, dass es sich hierbei möglicherweise um ein bewusstes Stilmittel zur authentischen sprachlichen Gestaltung des Dialogs handelt.

1.3 Siglenverzeichnis

+ +	Korruptele; unleserliche Textstelle
[ ]	Konjekturale Ergänzung

قال: [١١٧] من أجل ذلك طرحوا الخامسة.

[١١٨] ثم ان يوهين انصرف إلى بلده.

تمّ الكتاب والحمد للّه على ما أوّلَ من نعمه،
والصلاة والسلام على سيّدنا محمّد النبي وآله.

قال يوهين: [١٠٧] أخبرني عن مارية لبست إكليلاً من قشور البيض ثم خرجت فجلست للحكماء اذ أتوها وفي يدها بيضة دجاجة تقلبها، ثم زعمت أن العمل عليها ومعها ما حملها على هذا الصنيع، وجميع الحكماء يعلمون أنها كاذبة.

قال أرسطاطاليس: [١٠٨] إن مارية لم تكذب و لم يكذّبها الحكماء ولكنها كَنَتْ عن العمل وشبّهته بالبيضة تلك الطبائع الأربع.

قال يوهين: [١٠٩] فرأيت هرمس الحكيم حين أتاه الحكماء واجتمعوا عليه وسألوه عن هذه الصنعة. فدخل مترله ثم خرج إليهم يحمل صبياً له، فقال لهم: العمل من هذا الغلام.

قال: [١١٠] كَنا عن عمله بالإنسان فجعله مثل الطبائع الأربع.

قال يوهين: [١١١] فمال بال زيسموس حين سأله الحكماء عن الصنعة أشار إلى نفسه ثم سكت. فأعاد عليه المسألة، فحلف لهم بالماء والنار والهواء والأرض + ... + أنه لم يكذبهم .

قال أرسطاطاليس: [١١٢] ما كذبهم، قد أخبرهم أن العمل مثله، فيه الطبيعة الخامسة التي ذكرها وإنما الطبائع أربع.

قال: [١١٣] قد قال بعض العلماء إنها خمس طبائع وكلّهم يُصيب.

قال أرسطاطاليس: [١١٤] إنه يكون في الإنسان نفس وروح.

قال يوهين: [١١٥] فما هي الدنيا؟

قال: [١١٦] الريح والهواء واحد.

---

(١٠) أنه : نه

قال: [٩٥] الدجاجة والإنسان شيء واحد.

قال: [٩٦] فما ينبغي لنا أن ندبّر في هذه الأحجار والأجساد حتى تصير ذهبًا؟

قال: [٩٧] نوشادر البول ذهب وهؤلاء الأجساد.

قال يوهين: [٩٨] في كم يرتفع؟

قال: [٩٩] أمّا الذي لا بدّ منه فمائتي يوم.

قال: [١٠٠] فالثمانين؟

قال: [١٠١] تلك إلى الحكماء على قدر تدبيرهم و+...+ التدبير والتعفين. وأمّا الطَباخ فلا بدّ من ثمانين يوما، وإن في الثمانين +...+ العمل.

قال يوهين: [١٠٢] فهل له زمان يدبّر فيه؟

٦٤و

قال: [١٠٣] أُنظر بعقلك في الأشياء: في الزمان اختلال، بعض عملك يوافق الهواء وبعضه يوافق النار.

قال يوهين: [١٠٤] فإنه قد بلغنا أن قوماً عندكم فشّت وظهرت في جميع البلاد مقالتهم أنهم يعملون في ساعة وفي شهر وفي أربعين ليلة وأكثر من ذلك وأقلّ من ذلك.

قال: [١٠٥] كرب أولئك الجُهّال الأسرار السفهاء. ما يكون هذا العمل كاملاً بتمام الطبائع الأربع إلا بتدبير الحكماء .

قال يوهين: [١٠٦] فإنّي رأيتكم اختلفتم في الكلام وأراكم تعنون شيئا واحدًا.

الجسد مجيبة لهذا الذي ليس مثلها ولا في شيء شكله أو لا تجيبه ولا تهواه متحببة ومكرمة لذلك الأول.

[٨٦] ولكن اخبرني أيها الحكيم كيف تدبير هذا العَقّار الذي يصنع الذهب والفضة؟

قال: [٨٧] أخبرك إن شاء اللّه كيف تدبيره وعمله وأنقله من درجة إلى درجة ولكن أيّهما نبدأ به؟

قال يوهين: [٨٨] الذهب أفضل وأخير من الفضة فابدأ به، فإنه أحبّ إلينا من غيره.

قال أرسطاطاليس: [٨٩] خذ الأندرداموس الذي ببلادكم أكثر منه ببلادنا، فدققه حتى يخرج منه سواده ويظهر ما فيه، واغسله بدهن هرمس الذي هو من البورق والتنكار والشبّ والنشادر و+...+ سحقه فإنه ألطف له. [٩٠] فإذا نظّفته وصار مثل الرخام فاطبخه في الزعفران أو بماء العفص أو بلعاب الشمس طبخاً رفيقاً، فإنه يعود أسود شديد السواد. واعلم أنه يكون في أوّل تدبيرك كل شيء تعمل أسود، [٩١] ثم تبيّضه بعد ذلك، ثم تلقي عليه الشاذنة مثله أو من الزرنيخ الأحمر أو من الخرشقلا أو من النحاس المحرق. ثم تدبّره بعد ذلك أياماً حتى يعود الدواء كحل أو توتيا أو مَرْتَك أو ما أشبه هذا. واعلم أن بالنار كمال عملك ليكن طبخك أوّل التركيب طبخاً رفيقاً. [٩٢] فإذا رأيت عملك قد صار رصاصاً أو فضّةً خالصةً، فاعلم أنك قد أحكمت العمل وقد صار بارداً شديد البرد. رُدّ عليه من السخونة ما يذهب ببعض برودته، واعمل كل شيء بتقدير +...+ وإيّاك أن تُخطئ في الأوزان. [٩٣] وانظر أن تسحق المركب الذي قد صار بيضةً بالسمّ الناري الذي هو لعاب القمر. فإذا رأيت فيه مثل اللون الذي في النفوس فاعلم أنك حينئذ قد أتممت العمل.

قال يوهين: [٩٤] أخبرني عن الشيء الذي تذكر، أ دجاجة هو أم إنسان؟

---

(٥) أيّهما: أيّها | (١٣) أو توتيا: واوتوتيا

قال يوهين: [٧٦] ومن عنده المضرّة والمنفعة إنه لا شيء غيره.

قال أرسطاطاليس: [٧٧] صف لي الروح التي تدخل في الجسد فتضربه و تؤذيه.

قال: [٧٨] نعم. إذا حرّكهن الهواء +الـ...+ إلى أرواحنا هذه، فتسكن معها فلا تحمل الجسد والطبائع روحَين في جسد، فلا بدّ لهما من أن يفترقا.

قال: [٧٩] فما باله يأنفه في الشهر وفي النصف منه كما ذكرته؟

قال: [٨٠] فإذا +آل+ للأمر العادة فإنّ من تعوّد عادةً لم يكن يصبر عنها. فإذا حجبناه عن دخول ذلك الجسد وأبغضه فتركه وربما اشتاق إليه.

قال أرسطاطاليس: [٨١] أذكر أن هذه الأرواح التي هي من الطبائع +...+ أصحابها فيها هذا العلم.

قال: [٨٢] إذا كان مضرّة الجسد من بعض الطبائع طلبنا إلى تلك الأرواح المحلّقة وهي بعد تحت بعضها بعض، فنعرّفهم على بعض تلك الأرواح. فإن كانت مضرّة الجسد من المرة السوداء أو دخلت تلك الأرواح من الدم في جملة العروق، تمّت على العروق حتى تسلّه وتظهره. فإن كانت من تلقاء الدم جاءت تلك الأرواح بل دخلت الجسد من لا +...+ وحرصه الدم وكذلك جميع الطبائع.

قال أرسطاطاليس: [٨٣] لقد سُخّرت لكم هذه الأرواح.

قال: [٨٤] إنها تسخّر لنا حتى نقّينا أبداننا التي نصير ما مثلها فاجتنينا الأكل والشرب والنساء كذلك. فإذا مات بعض تلك الأجساد التي قد اعتزلت الدنيا وطلبت ما عند اللّه، فإن كانت الأرواح من الحيّ الذي كانت آلفة لها يحتملها أبداً. وربما كانت من بعض خواتمهم من بعض كتبهم + فتعرم+. [٨٥] فلمّا +...+ فتأتي تلك الروح تغير ذلك ٦٣ظ

---

(٤) يفترقا : يفترق | (١٣) تظهره : بطهره | (١٩) تغير : تعير

قال: [٦٧] من أراد أن يكون كذا ما يريد كذا ويبصر ويعرف كل شيء، فليأكل كل يوم أكلة واحدة. ثم لا يزال ينقص من الأكل حتى لا تحمل عليه كثرة ترك الطعام فيهلك، حتى يبلغ من ترك الطعام حتى تكفيه أستار كل شيء. فقد ذهبت عنه فيه الهموم فيفعل كل شيء بالفكرة العالية العارفة.

قال: [٦٨] فأخبرني عن هذه الأرواح التي زعمتم أنكم تخرجونها بالرُقى. ما هذه الرقى وكيف تدخل الأرواح في الأجساد؟

قال: [٦٩] إن لكل شيء روح +طالية+ غريضة ومسكنها تحت الشمس والقمر في الهواء. فإذا ذهبت الشمس أضرّت بتلك الأرواح +... إيّاها+ سالف أرواحنا التي تخرج منّا وهي متعلّقة بالهواء ممتزجة مع الأرواح كلها.

قال أرسطاطاليس: [٧٠] فهذه الروح التي تنفّس، من أين إنما هي من الهواء؟ ٦٣و

قال: [٧١] نعم. تدخل فتعلم الروح بقدر ما تخرج منك، وإنما أنت بمنزلة أوتاد الفسطاط. فإذا مات الإنسان وذهبت الروح رجعت إلى عنصر ما.

قال: [٧٢] موضع الأرواح والأنفس والملائكة في السماء.

قال أرسطاطاليس: [٧٣] فلِمَ تزعمون انما المضرّة إنما تأتي من الأرواح وتحملون ذلك على الشيطان؟ فالشيطان روح فكيف يضرّ الشيطان وإنما هو روح والروح التي في هذه الأجساد هي التي تضرّ وتنفع؟ لذلك للجسد روح، هل تضرّ أو تنفع أو تنكح؟

[قال:] [٧٤] إنما الأجساد علقت لهذه الأرواح.

قال: [٧٥] لا أدري المضرّة + ... + بالروح التي تزعم أنها من الخالق.

---

(١٠) تنفّس : ىنفس | (١٨) لا أدري : ما ادري

ثم قال أرسطاطاليس ليوهين: [٥٧] أخبرني عن حالكم معشر الهند. قد قرأت كتبكم فإذا أنتم قد تزعمون أن السماوات والأرض لم تزل. وهذا خلق يدفع إلى السماوات والأرض وخلقهن من قبل ما فيهن بما لا يحصيه أحد.

قال يوهين: [٥٨] في كم خلق السماوات والأرضين؟

قال: [٥٩] في ستة أيام.

قال: [٦٠] ومن أين علمت أنها ستة أيام و لم تكن شمس ولا قمر ولا ليل ولا نهار؟

قال: [٦١] هذه لعلمنا بما عنده لكنه لم يخرجها إلى الكون ولا قربت.

قال أرسطاطاليس: [٦٢] أخبرني عن هذه الأرواح التي تزعمون أنها أرواح إلى الأجساد. واخبرني عن الذي تحمون، لأي شيء هو؟

قال يوهين: [٦٣] إن الإحماء مما ينفع الأجساد، إنما +لحرارتها+ الأكل والشرب وإنها تقدر الروح في الجسد الأكل والشرب.

قال: [٦٤] هو كما وصفت، لكن من حمّل على البدن فوق قوته [...]؟

[قال يوهين: ...] [٦٥] وما ليس عندك، فتدرك إذا نطقت روحك ما لا تدرك الأرواح التي لا تأكل ولا تشرب من العلم بالأشياء. وكلما خففت عن بدنك صفا روحك ورأيت الأعاجيب وعلمت ما يكون وينبغي أن يكون إذا اعتزلت كل شيء.

قال أرسطاطاليس: [٦٦] وكيف نقوى على هذا؟

(١٢/١٣) [...]، [قال يوهين: ...] : (يبدو أنه ينقص سطر في النسخة المخطوطة) | (١٦) نقوى : **نقوى**

قال أرسطاطاليس: [٤٥] فلمّا خضخضت الريح الماء اجتمعت النار التي هي في الماء كما يجتمع بخار +النار+ التي في السحاب. فلمّا زعزعها الهواء قويت النار لخضّ الريح أياهـا واجتماعها، كما يجتمع الزبد في الزقاق حتى إذا قويت. [٤٦] وأدامتها الريح لأن الريح والنار فجعلت تعظم وتعلو وتظهر حتى غلبت النار فحصلت به تطيّره وتخمده، فعَلَوا دخّان ذاهب إلى العلو بعد ما أراد ربك. وجعلت الريح ترفعه وتصنعه وبعينها النار. [٤٧] وجعل الدخّان يتجسّد وتليّنه الريح بأمر اللّٰه وقدرته حتى خلق منه ما أراد، ويلبس الماء فصار فيه أرضًا. اعتزل الماء جوانب الأرض فرارًا من النار والريح [٤٨] فإنها برّدت الأرض وييست لذهاب النار عنها وعلو الريح فوقها.

قال يوهين: [٤٩] إن هذه لصفة حسنة جيدة. فاخبرني عن هذا الماء، أين كان قبل +...+؟

قال: [٥٠] +...+ كان الذي قبله.

قال: [٥١] ومن أين جاءت هذه الأشياء و لم تكن مكتوبة؟

قال أرسطاطاليس: [٥٢] لو شئنا لقلنا هو على كل شيء إلا أنّا نكره أن نحدّه بصفة.

قال يوهين: [٥٣] فأخبرني إن كنت لا تحدّه ولا تصفه، أ شيء هو؟

٦٢ظ

قال: [٥٤] الشيء حجر ونبات وإنسان و+...+ ونحو هذا. وإذا قلت أهو شيء فقد وصفته كما وصف الشيء الحقير ولكنه فوق كل شيء واحد وأعلى من كل شيء وأعظم.

قال يوهين: [٥٥] لم تجعله شيئا، فكيف يكون شيئا وأنت تقربه؟

قال: [٥٦] أكره أن أجعله شيئاً فأصفه وأحدّه ولكن لا أصفه ولا أحدّه بشيء إلا بوصف ما خلق.

---

(١٨) شيئا : شى

[قال أرسطاطاليس: ...] [٣١] من اللّه تبارك وتعالى ولكنها لم تزل بعده.

قال: [٣٢] فمن أين كانت؟

قال: [٣٣] منه.

قال: [٣٤] هو إذن الطبائع؟

قال: [٣٥] لو كان الطبـائع لكان مثلي ومثلك ولكن هذه الطبائع منه ومنهـا خلق ما في السماوات وما في الأرضين. [٣٦] حركتْ عند ذلك الريح الماء وكان أقوى منهـا فخضخضته وحركته.

قال: [٣٧] وأين كانت الريح؟

قال: [٣٨] فوق الماء وحواليه.

قال: [٣٩] فقد كان فوقه هواء ولا يكون الهواء إلا وفوقه وتحته شيء.

قال: [٤٠] اللّه فوق الهواء.

قال يوهين: [٤١] أَلَستُم تزعمون أن اللّه في كل شيء ولم يخل منه شيء؟

قال: [٤٢] ما خلا منه شيء قطّ ولا انفرد منه شيء.

قال: [٤٣] فكيف تزعم أنه فوق الهواء وقد صار الهواء والماء تحته؟

قال: [٤٤] إن الهواء والماء قدرته وقوته ولم يخل منه ولكنه فوق كل شيء وليس شـيء أعلى منه.

---

(١) [قال أرسطاطاليس ...] : (يبدو أنه ينقص سطر في النسخة المخطوطة)

إنسان يشبه صاحبه حتى كأنه هو؟

قال يوهين: [٢٠] لو شبهه لكان نفسه و لم يعرف بعضهم بعضاً ولكان الإنسان لا يعرف ولده ولا يدرى من هو.

قال أرسطاطاليس: [٢١] ما أحد في سماء ولا أرض يستطيع أن يقوم على الطبائع أبدًا. إحدى عشر ألف ألف حارّ رطب مختلف في اللون والطعم والنفع والمضرّة، وما لهذا حدّ معروف غير أنّا نعرف الظاهر منها ولا نقدر على الغامض.

قال يوهين: [٢٢] أخبرني عن السمّ، كيف صار يقتل؟

قال: [٢٣] لشدّة برده.

قال له: [٢٤] فإن +...+ باردًا شديد البرد؟

قال: [٢٥] قد أعلمتك أن الطبائع التي ذكرت منها ولكن لم تفهم عني.

قال يوهين: [٢٦] أخبرني عن العسل، هو أشدّ حرارةً أم الصبر في شدّة مرارته؟

قال: [٢٧] ما بين طبيعتين مختلفتين.

قال يوهين: [٢٨] يزعمون أن كل مرّ حارّ يابس وكل حلو حارّ رطب. ٦٢و

قال: [٢٩] قد حملوا ذلك على الطبائع وإنه عندي لخطأ من قولهم إن الصبر مرّ وهو رطب.

قال يوهين: [٣٠] فأخبرني عن الطبائع، لِمَ لَمْ تزل به [...]؟

---

(١٦) [...]؟ : (يبدو أنه ينقص سطر في النسخة المخطوطة)

قال يوهين: [١١] إذاً ستة عشر طبيعة؟

قال: نعم.

قال: [١٢] فأخبرني عن طبيعة واحدة من الستة عشر طبيعة، طبائع مختلفة أم لا؟

قال: [١٣] لا تخرج من الحرارة والبرودة والرطوبة واليبوسة ولكن الطبائع مختلفة.

قال يوهين: [١٤] أخبرني عن شيء حارّ يابس وآخر مثله حارّ يابس، لا أستطيع أن أصفه إلا بحارّ يابس. ما شأنهما مختلفي اللون والطعم والنفع والمضرّة؟

قال أرسطاطاليس: [١٥] أما علمت أنّا إذا لم نقدر على الزعفران أن نجعله في شيء، جعلنا مكانه قصب الذريرة؟ وما علمت سوى هذا من أشياء كثيرة، فالزعفران أصفر فهو يخالف قصب الذريرة.

وقال يوهين: [١٦] فلأي شيء جعلتموه مثله وقد خالفه؟

قال أرسطاطاليس: [١٧] لأن لا تكون طبيعة حارّة يابسة وأخرى مثلها متفقتين وهما اثنتان. ولو كان عدد قطر الفرات ولو كانت هذه مستوية، لكان هذا ذاك في صورتها وطعمها ولونها فكل الطبائع على هذه الحال، ولكانت هذه الأربع طبائع إذ كان شيء بارد رطب وآخر مثله بارد رطب لم يكونا إلا بصورة واحدة وطعم واحد؟

قال يوهين: [١٨] فمن أين جاء الاختلاف من الطبائع الأُخَر؟

[قال أرسطاطاليس: ...] تزل. [١٩] ولو لا، كان في الدنيا أربع صور وأربع طبائع من لغات وأربع ألوان على لون واحد، ولكن فرّقت عنهم الطبائع. أما ترى أنه ليس في الدنيا

(٥) لا أستطيع : ما أستطيع | (١١/١٢) متفقتين وهما اثنتان : متفقين وهما اثنان | (١٦) [قال أرسطاطاليس ...] : (يبدو أنه ينقص سطر في النسخة المخطوطة)

كتاب فيه خبر يوهين الهندي ٦١و

أيّام بعثه ملك الهند وافداً إلى الإسكندر ومحاورته الحكيم أرسطاطاليس وما دار بينهما من مسألة وجواب

قال يوهين الهندي في بعض كلامه لأرسطاطاليس: [١] أخبرني عن هذا الحجر الذي قد أعيا الناس صفته. ما هو؟ صِفْهُ لي صفةً بيّنةً أستدلّ بها على الواحد المطلوب وعلى الصانع المكتوم. أخبرني طبيعته حارّة أم باردة؟

قال له أرسطاطاليس: [٢] فيه الطبائع الأربع.

قال يوهين: [٣] في كل شيء الطبائع الأربع ولكن اخبرني ما الغالب عليه؟

قال: [٤] الحرارة. ٦١ظ

قال يوهين: [٥] فكيف لا تفسد الحرارة الحجر بحرقها فقوتها بمحليّة وكميّة طِباعها؟

قال أرسطاطاليس: [٦] إن هذه الحرارة لا تستطيع أن تغلب الثلثة الباقية.

قال يوهين: [٧] فما للجسد إذ غلبت عليه طبيعة واحدة أفسدته؟

قال: [٨] إنما أفسدته لأن طبيعة أخرى تشاكلها وأعانتها وهيّجتها.

قال يوهين: [٩] فهذه الطبيعة الحارّة والباردة والرطبة واليابسة بعينها أو يابسة بعينها مفردة؟

قال أرسطاطاليس: [١٠] ليس منهن طبيعة إلا وفيها الطبائع الأربع.

1.5 Übersetzung

Das Buch mit der Kunde vom Inder Yūhīn
und seiner Unterredung mit dem Weisen Aristoteles
sowie den Fragen und Antworten,
die beide untereinander austauschten,
in jenen Tagen, da ihn der indische König als Gesandten
zu Alexander entsandt hatte

In seinem Gespräch mit Aristoteles sagte der Inder Yūhīn zu diesem: [1] Berichte mir von diesem Stein, den zu beschreiben sich die Leute vergeblich bemühten. Was ist er? Gib mir eine klare Beschreibung von ihm, die mir den Weg zu dem gewünschten Einen weist, zu dem verborgenen Artifex. Berichte mir, ist seine Natur warm oder kalt?

Aristoteles sprach: [2] In ihm sind die vier Naturen.

Yūhīn: [3] Die vier Naturen sind in allen Dingen. Berichte mir jedoch, was überwiegt in ihm?

Aristoteles: [4] Die Wärme.

Yūhīn: [5] Wie kommt es dann, dass die Wärme den Stein nicht durch ihre Verbrennung verdirbt? Denn ihre Kraft ist in der Lokalität und Menge ihrer Eigenschaften.

Aristoteles: [6] Diese Wärme kann die übrigen drei nicht überwältigen.

Yūhīn: [7] Was geschah also mit dem Metallkörper, als ihn eine Natur überwältigte, die ihn verdarb?

Aristoteles: [8] Tatsächlich hat sie ihn nur verdorben, weil eine andere Natur ihr ähnlich ist. Diese hat sie unterstützt und angeregt.

Yūhīn: [9] Ist diese warme, kalte, feuchte, trockene Natur somit dieselbe oder eine ganz bestimmte Trockene, allein?

Aristoteles: [10] Es gibt keine Natur unter ihnen, in der nicht die vier Naturen wären.

Yūhīn: [11] Sechzehn Naturen also?

Aristoteles: Ja.

Yūhīn: [12] So berichte mir von einer der sechzehn Naturen, sind es verschiedene Naturen oder nicht?

Aristoteles: [13] Sie weicht weder von der Hitze noch von der Kälte, weder von der Feuchtigkeit noch von der Trockenheit ab, doch sind die Naturen verschieden.

Yūhīn: [14] Berichte mir von etwas Warmem, Trockenem und von etwas anderem, das ebenso warm und trocken ist und das ich nur als warm und trocken beschreiben kann. Wie kommt es, dass beide verschieden sind in Farbe und Geschmack, in Nützlichkeit und Schädlichkeit?

Aristoteles: [15] Hast du nicht gelernt, dass wir, wenn wir einer Sache keinen Safran zufügen können, den *Calamus aromaticus* an seine Stelle setzen? Von vielen Dingen hast du nur dies gewusst: Der Safran ist gelb und verschieden vom *Calamus.*

Yūhīn: [16] Weswegen habt ihr ihn ihm dann gleichgesetzt, wo er doch verschieden von ihm ist?

Aristoteles: [17] Weil es keine warme, trockene Natur gibt, die mit einer derartigen zweiten übereinstimmt, denn es sind ja zwei. Selbst wenn es um die Anzahl der Tropfen des Euphrat handeln würde und wenn diese [Natur] einheitlich wäre, so wäre dieses jenes ihrer Gestalt, ihrem Geschmack und ihrer Farbe nach. So verhält es sich mit allen Naturen. Wären diese vier denn Naturen, wenn etwas Kaltes, Feuchtes und etwas anderes, ebenfalls Kaltes und Feuchtes, ausschließlich dieselbe Gestalt und denselben Geschmack aufweisen würden?

Yūhīn: [18] Woher stammt dann der Unterschied zu den anderen Naturen?

[*Aristoteles:* ...] [19] Ansonsten gäbe es auf der Welt [nur] vier [Arten der] Gestalt und vier Naturen der Sprachen und vier Farben in einer Farbe vereint. Die Naturen aber haben die Unterschiede zwischen ihnen hervorgerufen. Siehst du denn nicht, dass es auf der Welt keinen Menschen gibt, der seinem Gefährten genau gleich ist?

Yūhīn: [20] Wenn er ihm gleichen würde, dann wäre es derselbe und sie würden einander nicht erkennen. Der Mensch würde seinen Sohn nicht erkennen und nicht wissen, wer er ist.

Aristoteles: [21] Niemand in Himmel oder Erde kann jemals die Naturen beherrschen. Elf Millionen Warme, Feuchte, verschieden in Farbe, Geschmack, Nutzen und Schädlichkeit. Hierfür ist keine Grenze bekannt, obgleich wir ihr Äußeres kennen, während sich das Undurchschaubare unserem Einfluss entzieht.[1]

Yūhīn: [22] Berichte mir vom Gift, wie kam es dazu, zu töten?

Aristoteles: [23] Durch die Intensität seiner Kälte.

Yūhīn: [24] Und wenn wir einen sehr Kalten ⁺...⁺?

Aristoteles: [25] Ich habe dich bereits gelehrt, dass die Naturen, die ich erwähnt habe, zu ihnen gehören,[2] doch du hast mich nicht verstanden.

Yūhīn: [26] Berichte mir vom Honig, ist er von stärkerer Wärme als die Aloe in ihrer starken Bitterkeit?

---

1 Alternative Lesart: *nuqaddiru* statt *naqdiru:* „... das Undurchschaubare beschränken wir nicht.“

2 Oder: *minhā:* „... daraus sind, ...“.

Aristoteles: [27] Zwischen zwei verschiedenen Naturen.

Yūhīn: [28] Es wird behauptet, alles Bittere sei warm und trocken und alles Süße warm und feucht.

Aristoteles: [29] Man führte dies auf die Naturen zurück. Ich sehe einen Fehler in ihrer Aussage, die Aloe sei zugleich bitter und feucht.

Yūhīn: [30] So berichte mir von den Naturen, warum sind sie immer noch […]?

[*Aristoteles:* …] [31] von Gott – dem Gesegneten und Erhabenen – doch sie sind immer noch nach ihm da.

Yūhīn: [32] Woher waren sie also?

Aristoteles: [33] Von Ihm.

Yūhīn: [34] Dann ist Er die Naturen?

Aristoteles: [35] Wenn Er die Naturen wäre, so wäre Er wie du und ich. Diese Naturen aber sind von Ihm und aus ihnen schuf Er, was in den Himmeln und den Erden ist. [36] Dabei bewegte der Wind das Wasser, das stärker war als er. So schüttelte er es hin und her und bewegte es.

Yūhīn: [37] Und wo war der Wind?

Aristoteles: [38] Über dem Wasser und um es herum.

Yūhīn: [39] Über ihm[3] war Luft, und Luft existiert nur, wenn sich etwas über und unter ihr befindet.

Aristoteles: [40] Gott ist über der Luft.

Yūhīn: [41] Behauptet ihr nicht, dass Gott in allen Dingen ist und nichts sich von Ihm abgesondert hat?

---

3 meint „über dem Wasser“

Aristoteles: [42] Nie hat sich etwas von Ihm abgesondert oder abgetrennt.

Yūhīn: [43] Wie kannst du dann behaupten, dass Er über der Luft ist, wo doch die Luft und das Wasser unter Ihn gekommen sind?

Aristoteles: [44] Die Luft und das Wasser sind Seine Macht und Seine Kraft und haben sich nicht von Ihm abgesondert. Er aber ist über allen Dingen und nichts ist höher als Er.

Aristoteles sprach: [45] Als nun der Wind das Wasser hin und her bewegte, sammelte sich das Feuer, das im Wasser war, so wie sich der Dampf des Feuers (?) sammelt, das in den Wolken ist. Als die Luft es dann erschütterte, gewann das Feuer dadurch an Stärke, dass der Wind es schüttelte und versammelte, so wie sich der Schaum in der Gasse sammelt,[4] bis dass es an Stärke gewann. [46] Der Wind ließ es fortdauern, denn der Wind und das Feuer begannen, groß zu werden, sich zu erheben und in Erscheinung zu treten, bis das Feuer überwog. Es wurde durch ihn[5] hergestellt, es lässt ihn sich verflüchtigen und löscht ihn (?), dann wurde – nach einer von deinem Herrn festgesetzten Zeit[6] – ein nach oben aufsteigender Rauch emporgebracht. Der Wind mit dem Feuer in seinem Inneren begann, ihn zu erheben und zu fertigen. [47] Der Rauch begann, sich zu einem Körper zu verfestigen, während der Wind ihn formbar machte, durch den Befehl Gottes und seine Macht, bis Er aus ihm schuf, was er wollte. Er bekleidete sich mit dem Wasser und wurde daraufhin in ihm zu Erde. Das Wasser zog sich von den Rändern der Erde zurück, fliehend vor dem Wind und dem Feuer. [48] Dann kühlte er[7] die Erde ab und diese trocknete, da das Feuer von ihr gegangen war und der Wind über ihr in der Höhe war.

Yūhīn: [49] Dies ist wahrlich eine sehr gute Beschreibung. So berichte mir von diesem Wasser, wo war es vor ⁺...⁺?

Aristoteles: [50] ⁺...⁺ was vor ihm war.

---

4 Eine andere Lesart wäre: „wie sich die Butter (*zubad*, Pl. v. *zubda:* Butter) in den (damals zur Butterherstellung verwendeten Leder-)Schläuchen (*ziqāq*, Pl. v. *ziqq:* Schlauch) sammelt (d.h. fest wird)".

5 Bezug des maskulinen Personalsuffixes im Ausgangstext unklar.

6 Wörtl.: „nach dem, was dein Herr wollte".

7 Vermutlich auf den Wind bezogen.

Yūhīn: [51] Woher kamen diese Dinge, ohne vorher festgeschrieben worden zu sein?

Aristoteles: [52] Wenn wir wollten, würden wir sagen, Er ist über allen Dingen, doch wir mögen es nicht, Ihn durch Beschreibung zu definieren.

Yūhīn: [53] Wenn du Ihn nicht definierst und beschreibst, so berichte mir, ist Er etwas Seiendes?[8]

Aristoteles: [54] Das Seiende ist Stein, Pflanze, Mensch, ⁺...⁺ und Derartiges. Wenn du nun fragst, ob Er etwas Seiendes sei, dann hast du Ihn beschrieben, so wie das verachtenswerte Seiende beschrieben wurde. Doch Er ist über allem Seienden und Er ist Eins und höher und größer als alles Seiende.

Yūhīn: [55] Du hast Ihn nicht zu etwas Seiendem gemacht. Wie sollte Er denn etwas Seiendes sein, wenn du versuchst, dich Ihm zu nähern (?)?

Aristoteles: [56] Ich mag es nicht, Ihn zu etwas Seiendem zu machen. So beschreibe ich Ihn und definiere Ihn, doch beschreibe und definiere ich Ihn nur durch das, was Er erschaffen hat.

Daraufhin sprach *Aristoteles* zu Yūhīn: [57] Berichte mir von euch, den Bewohnern Indiens. Ich habe eure Bücher gelesen und da behauptet ihr also, dass die Himmel und die Erde von jeher existiert haben. Dies ist Geschaffenes, das zu den Himmeln und der Erde gebracht wird (?). Er hat sie erschaffen, bevor all das, was niemand zählen kann, auf ihnen war.

Yūhīn: [58] In wieviel [Zeit] hat Er die Himmel und die Erden erschaffen?

Aristoteles: [59] In sechs Tagen.

Yūhīn: [60] Und woher weißt du, dass es sechs Tage waren, wo es doch weder Sonne noch Mond, weder Nacht noch Tag gab?

---

8 *šay'un:* „etwas Seiendes" als Entsprechung des griech. ὄν (VAN ESS 1997, 433).

Aristoteles: [61] Dies haben wir von dem erfahren, was bei Ihm ist. Doch hat Er sie nicht zur Existenz gebracht, noch wurden sie angenähert (?).

Aristoteles sprach: [62] Berichte mir von diesen Geistern,[9] von denen ihr behauptet, dass sie zu den Körpern[10] gehören. Berichte mir auch von dem, was ihr erhitzt, zu welchem Zweck geschieht dies?

Yūhīn: [63] Die Erhitzung ist etwas, was den Körpern nützlich ist. Durch ihre Hitze (?) [in] Essen und Trinken, sie bestimmt den Geist im Körper [...] das Essen und Trinken (?).

Aristoteles: [64] Es ist so, wie du beschrieben hast. Doch wer hat dem Leib aufgebürdet, was über seine Kraft geht [...]?

[*Yūhīn:* ...] [65] und was du nicht hast. So erkennst du, wenn dein Geist spricht, was die Geister, die nicht essen und trinken, nicht erkennen, an Wissen über die Dinge. Je mehr du deinen Leib erleichterst, desto reiner wird dein Geist. Du hast wunderhafte Visionen und erfährst, was ist, und was sein sollte, wenn du dich von allen Dingen zurückgezogen hast.

Aristoteles: [66] Und wie bekommen wir die Kraft, dies zu tun?

Yūhīn: [67] Wer so sein will und alles sehen und wissen will, der nehme jeden Tag [nur] eine Mahlzeit ein. Dann schränke er das Essen weiter ein, so dass die Menge des Essensverzichts ihn nicht belastet und er nicht daran zugrunde geht, bis er einen hohen Grad im Essensverzicht erreicht hat und ihm die Hüllen von allen Dingen genügen. Dabei sind die Sorgen von ihm gewichen und er verrichtet alles mit hohem, wissendem Gedanken.

Aristoteles: [68] Berichte mir von diesen Geistern, von denen ihr behauptet habt, dass ihr sie durch Zauberhandlungen austreibt. Was sind diese Zauberhandlungen und wie treten die Geister in die Körper ein?

Yūhīn: [69] Alles Seiende hat einen sich ausdehnenden (?), zarten Geist, dessen Sitz unter Sonne und Mond in der Luft ist. Wenn die Sonne geht,

9 Oder: *arwāḥ*: „Pneumata“.
10 Oder: *aǧsād:* „Somata / Metallkörper“.

schadet sie jenen Geistern ⁺...⁺ unsere alten Geister, die uns verlassen und in der Luft hängen, vermischt mit allen [anderen] Geistern.

Aristoteles: [70] Woher soll dieser luftdurchlässige Geist auch kommen, wenn nicht aus der Luft?

Yūhīn: [71] So ist es. In dem Maße, in dem der Geist aus dir heraustritt, trittst du in ihn ein und lernst ihn kennen. Dabei bist du wahrlich die Grundlage.[11] Denn wenn der Mensch stirbt und der Geist von ihm geht, kehrt der Geist wieder zu irgendeinem Ursprung zurück.
Er sprach: [72] Der Aufenthaltsort der Geister und Seelen und Engel ist im Himmel.

Aristoteles: [73] Weshalb behauptet ihr, dass das Schädliche von den Geistern kommt und führt dies auf den Teufel zurück? Denn der Teufel ist ein Geist, und wie soll der Teufel Schaden anrichten, wenn er doch ein Geist ist und der Geist, der in diesen Körpern ist, derjenige ist, der schadet und nützt? Deswegen hat der Körper einen Geist. Schadet oder nützt oder vermählt sich (?) dieser?

[*Yūhīn:*] [74] Die Körper haften diesen Geistern wahrlich an.

Aristoteles: [75] Ich weiß nicht, [ob] das Schädliche ⁺... ... ...⁺ durch den Geist, von dem behauptet wird, dass er vom Schöpfer ist.

Yūhīn: [76] Von Ihm ist das Schädliche und das Nützliche. Es gibt nichts außer ihm.

Aristoteles: [77] Beschreibe mir den Geist, der in den Körper eintritt und ihn dann schlägt und ihm Schaden zufügt.

Yūhīn: [78] Ja. Wenn die ⁺...⁺ Luft sie zu diesen unseren Geistern hin bewegt, so verharren sie mit ihnen. Der Körper und die Naturen tragen nicht zwei Geister in einem Körper, daher müssen die beiden sich trennen.

---

11 *bi-manzilat awtād al-fusṭāṭ,* wörtl.: „im Rang der Zeltpflöcke".

Aristoteles: [79] Und wie kommt es, dass er ihn in eineinhalb Monaten (?) verschmäht, so wie du erwähnt hast?[12]

Yūhīn: [80] Wenn [zu der Sache] die Gewohnheit ⁺...⁺, so enthält sich jemand, der sich an eine Gewohnheit gewöhnt hat, dieser nicht. Wenn wir ihm also den Eintritt in jenen Körper durch Abschirmung verwehren und er ihm verhasst ist, so verlässt er ihn und sehnt sich doch vielleicht nach ihm.

Aristoteles: [81] Ich erinnere mich, dass die Besitzer dieser Geister, die von den Naturen sind, in ihnen dieses Wissen ⁺...⁺.

Yūhīn: [82] Wenn der Schaden des Körpers von einigen Naturen herrührt, rufen wir jene schwebenden Geister, die sich noch untereinander befinden, und wir machen sie[13] mit einigen dieser Geister bekannt. Wenn der Schaden des Körpers von der schwarzen Galle herrührt oder diese Geister über das Blut in die Gesamtheit der Adern eintreten, bleiben sie in den Adern, bis sie ihn[14] herausziehen und zum Vorschein bringen.[15] Wenn er[16] vom Blut ausgeht, kommen diese Geister, vielmehr treten sie in den Körper ein ⁺... ...⁺ das Blut, und ebenso sämtliche Naturen.

Aristoteles: [83] Diese Geister wurden euch dienstbar gemacht.

Yūhīn: [84] Sie sind uns dienstbar, bis wir unsere Leiber gereinigt haben, die zu etwas werden, was ihnen ähnlich ist. So haben wir Essen und Trinken zu uns genommen und auch Frauen beigewohnt. Wenn nun einige jener Körper sterben, die der Welt entsagt und nach dem getrachtet haben, was bei Gott ist, und wenn die Geister vom Lebendigen waren, dem sie vertraut waren, so trägt er sie für immer. Vielleicht waren sie von einigen ihrer Siegel[17] in einigen ihrer Bücher und werden aufgehäuft (?). [85] Als wir ⁺...⁺, kommt jener Geist, jenen Körper eifersüchtig zu machen,[18] seine

---

12 Alternative Lesart: *ḏakartuhū* statt *ḏakartahū:* „so wie ich mich erinnert habe".

13 Bezug des Personalsuffixes (mask. Pl.) unklar.

14 Bezug des Personalsuffixes (mask. Sg.) unklar.

15 Alternative Lesart zu *tuẓhirahū*: *tuṭahhirahū:* „... und ihn reinigen".

16 Vermutlich impliziert: *al-maḍarra:* „der Schaden".

17 Oder: *ḫawātim:* „Schlussworte".

18 Alternative Lesarten zu *tuġīru*: *tuġayyiru:* „... zu verändern"; *bi-ġayri:* „kommt mit etwas anderem bzw. bringt etwas anderes (als jenen Körper)".

Zuneigung zu diesem offenbarend, der nicht ist wie er und überhaupt nicht seiner Form entspricht, oder er antwortet ihm nicht und liebt ihn nicht, während er jenem Ersten seine Liebe und Verehrung erweist.

Yūhīn: [86] Berichte mir jedoch, o Weiser, mit was für einem Verfahren dieses Mittel zubereitet wird, mit dem man Gold und Silber herstellen kann.

Aristoteles: [87] So Gott will, werde ich dir berichten, wie sein Verfahren abläuft und wie es hergestellt wird und ich werde es Stufe um Stufe umwandeln. Mit welchem der beiden aber sollen wir beginnen?

Yūhīn: [88] Das Gold ist besser und vorzüglicher als das Silber, beginne also mit ihm. Es ist uns lieber als alles andere.

Aristoteles: [89] Nimm den Androdamas, von dem es in eurem Land mehr gibt als in unserem, und zermahle ihn, bis seine Schwärze aus ihm austritt und das, was in ihm ist, zum Vorschein kommt. Wasche ihn mit dem Öl des Hermes, das aus Borax (*bawraq*), Tinkār [*eine andere Bezeichnung für Borax*], Alaun und Salmiak ist. ⁺...⁺ seine Zerreibung, denn er ist feiner für ihn. [90] Wenn du ihn gereinigt hast und er gleich dem Marmor geworden ist, dann koche ihn behutsam in Safran, Gallapfelsaft oder Sonnenspeichel. Dann färbt er sich wieder tiefschwarz. Wisse, dass alles, mit dem du das Werk vollziehen [willst], am Anfang deiner Zubereitung schwarz ist. [91] Danach färbst du es weiß und wendest anschließend den Blutstein wie ihn (?) auf ihm an oder auch Realgar, Chrysokoll oder Kupferbrand. Danach bereitest du ihn tagelang zu, bis das Heilmittel zu Spießglanz, Zinkoxid, Bleiglätte oder Ähnlichem geworden ist. Wisse, dass dein Werk durch das Feuer vervollkommnet wird, so soll deine Kochung zu Beginn der Synthese behutsam sein. [92] Wenn du aber siehst, dass dein Werk zu Blei oder zu reinem Silber geworden ist, so wisse, dass du das Werk gut gemacht hast und dieses sehr kalt geworden ist. Gib ihm etwas von der Wärme zurück, das seine Kälte entkräftet, und verrichte alles nach ⁺...⁺ Einschätzung und hüte dich, bei den Mengen Fehler zu machen. [93] Siehe, dass du das Zusammengesetzte, das zu einem Ei geworden ist, anhand des feurigen Gifts zerreibst, welches der Mondspeichel ist. Wenn du in ihm das siehst, was wie die Farbe der Seelen ist, so wisse, dass du sodann das Werk vollendet hast.

Yūhīn: [94] Berichte mir von dem Ding, das du erwähnst. Handelt es sich um ein Huhn oder um einen Menschen?

Aristoteles: [95] Das Huhn und der Mensch sind eins.

Yūhīn: [96] Wie sollten wir also mit diesen Steinen und Metallen verfahren, damit sie zu Gold werden?

Aristoteles: [97] Der Salmiak des Harns ist Gold, und diese Metalle (?).

Yūhīn: [98] Innerhalb von wieviel [Zeit] steigt er empor?

Aristoteles: [99] Was unerlässlich ist, sind zweihundert Tage.

Yūhīn: [100] [Was ist dann mit] den achtzig [Tagen]?

Aristoteles: [101] Diese gehen auf die Weisen zurück, nach Maß ihres Verfahrens und ⁺...⁺ das Verfahren und die Putrefaktion. Das Kochen aber muss achtzig Tage andauern. In den achtzig [Tagen] ⁺...⁺ das Werk.

Yūhīn: [102] Hat er eine bestimmte Zeit, in der er bereitet wird?

Aristoteles: [103] Betrachte die Dinge mit deinem Verstand: Der Zeit wohnt Mangelhaftigkeit inne. Manches von deinem Werk entspricht der Luft, manches dem Feuer.

Yūhīn: [104] Wir haben davon gehört, dass ein Volk bei euch, dessen Kunde im ganzen Land bekannt wurde, zu einer [bestimmten] Stunde ans Werk geht, in einem [bestimmten] Monat, in vierzig Nächten, und mehr und weniger als diesen.

Aristoteles: [105] Der Kummer jener Unwissenden sind die törichten Geheimnisse. Dieses Werk wird nur durch die Zubereitung der Weisen mit allen vier Naturen vollständig sein.

Yūhīn: [106] Ich sah, dass ihr Unterschiedliches geredet habt, und sehe euch doch dasselbe meinen.

Yūhīn: [107] Berichte mir von Maria. Sie trug einen Kranz aus Eierschalen [auf dem Kopf], dann ging sie hinaus und setzte sich zu den Weisen, als diese zu ihr gekommen waren, mit einem Hühnerei in der Hand, das sie umdrehte.[19] Dann behauptete sie, dass das Werk auf ihm und mit ihm vollzogen werde, was sie auf diese Tat bezog. Dabei wussten alle Weisen, dass sie lügt.

Aristoteles: [108] Maria hat nicht gelogen, noch haben die Weisen sie der Lüge bezichtigt. Sie hat vielmehr das Werk indirekt benannt und es mit dem Ei verglichen, jenes sind die vier Naturen.

Yūhīn: [109] Ich sah den Weisen Hermes, als die Weisen zu ihm kamen, sich bei ihm versammelten und ihn nach dieser Kunst fragten. Da ging er in sein Haus, um daraufhin einen seiner Jungen tragend wieder zu ihnen heraus zu kommen. Er sagte zu ihnen: Das Werk ist aus diesem Knaben.

Aristoteles: [110] Er hat mit dem Menschen auf sein Werk angespielt und diesen zum Beispiel für die vier Naturen gemacht.

Yūhīn: [111] Zosimos' Gemüt neigte sich (?), als ihn die Weisen nach der Kunst fragten. Er verwies auf sich selbst,[20] dann schwieg er. Da wurde ihm die Frage wiederholt und er schwor ihnen beim Wasser, beim Feuer, bei der Luft und bei der Erde, ⁺...⁺ dass er sie nicht angelogen habe.

Aristoteles: [112] Er hat sie nicht angelogen, er hat sie davon unterrichtet, dass das Werk wie er ist, in ihm ist die fünfte Natur, die er erwähnt hat. Die Naturen aber sind vier.

Yūhīn: [113] Einige Gelehrte haben gesagt, dass es fünf Naturen sind und sie alle haben Recht.

Aristoteles: [114] Im Menschen ist Seele und Geist.

---

19 Oder: *taqlibuhā:* „das sie aufschlug".

20 Oder: *ilā nafsihī:* „auf seine Seele".

Yūhīn: [115] Was ist also die irdische Welt?

Aristoteles: [116] Der Wind und die Luft sind eins.

Yūhīn: [117] Aus diesem Grund sind sie von der fünften [Natur] ausgegangen.

[118] Danach machte sich Yūhīn auf den Weg in seine Heimat.

Das Buch ist abgeschlossen. Gelobt sei Gott für das,
was Er von seinen Gnaden gewährte.
Segen und Frieden sei auf unserem Herrn Muḥammad, dem Propheten,
und seiner Familie.

2 Kommentar

2.1 Konzeption des Dialogs

2.1.1 Rahmenhandlung

Die Hintergründe der Entsendung Yūhīns zu Alexander durch den indischen König werden im Incipit des Dialogs nicht explizit dargelegt. Da Aristoteles in der arabischen Tradition oft als persönlicher Ratgeber und Begleiter Alexanders auftritt,[1] erscheint es durchaus denkbar, dass der indische König seinen Gesandten zu Alexander schickt, mit der vorgefassten Absicht, alchemische Auskünfte zum Stein der Weisen und zur Goldherstellung von Aristoteles zu erhalten, von dessen Anwesenheit bei Alexander er ausgehen konnte. Auch der Umstand, dass Yūhīn im Anschluss an das Gespräch umgehend wieder abreist, spricht eher gegen ein auf einer zufälligen Begegnung der Gesprächspartner beruhendes Dialogkonzept.

Möglicherweise waren für den Entwurf dieses Dialogs auch Einflüsse aus dem Alexanderroman und anderen spätantiken Quellen relevant, wo Alexanders Interesse für die indische Philosophie geschildert wird, mit der er während seines Indienfeldzuges in Kontakt gekommen war. Parallelen zur Gesprächssituation des Dialogs weist auch eine u.a. bei Aristoxenos überlieferte Anekdote auf, die von einem indischen Weisen berichtet, der nach Athen gereist sei und dort mit Sokrates diskutiert habe.[2]

2.1.2 Gesprächspartner

2.1.2.1 Aristoteles

Aristoteles galt bei den Arabern als Universalgelehrter und, in Fortführung der hellenistischen alchemistischen Tradition, insbesondere auch als Autorität auf dem Gebiet der Alchemie, der verschiedene geheimwissenschaftliche Traktate zugeschrieben wurden.[3] Daneben tritt Aristoteles in arabischen Pseudepigrapha als grundlegender Vertreter der philosophischen

1 S. Brocker 1966, 83; 102f.

2 Vgl. Karttunen 1989, 110–112; von Glasenapp 1958, 1.

3 S. Endress 2003, 50; Ullmann 1972, 157; Sezgin 1971, 100–104; vgl. Viano 2005, 9f.

Theologie des Neuplatonismus in Erscheinung, da unter seinem Pseudonym ein Großteil der Texte der spätantiken Neuplatoniker aus dem Griechischen ins Arabische überliefert wurde.[4] Es ist anzunehmen, dass der Verfasser bei der Wahl des Aristoteles als Figur für diesen Dialog auch auf den antiken Aristoteles Bezug nimmt, dessen Lehren den thematischen Hintergrund für verschiedene Abschnitte des Gesprächs bilden. Auch die Wahl der Dialogform für diesen Text könnte in Anlehnung an das literarische Vorbild des antiken Aristoteles erfolgt sein, der selbst in seinen eigenen Dialogen als Gesprächspartner auftrat.[5]

2.1.2.2 Yūhīn

Die Figur des Inders Yūhīn bzw. Tawhīr ist bislang aus keinem weiteren arabischen Text bekannt, obgleich die Inder als vermeintliche Verfasser geheimwissenschaftlicher Pseudepigrapha in der arabischen Literatur durchaus präsent sind.[6] Der vom Titel der Hs. abweichende Eintrag im *Fihrist* weist darauf hin, dass offenbar verschiedene Fassungen des Dialogs im Umlauf waren, in denen der Inder entweder als König oder als dessen Gesandter auftrat. Hinsichtlich der Persönlichkeit Yūhīns ergibt sich im Laufe des Gesprächs der Eindruck einer leicht inkonsequenten Konstruktion der Figur durch den Verfasser, da den Inder einerseits das Streben nach Gold prägt, das in seiner Wissbegier bezüglich der Alchemie zum Ausdruck kommt (vgl. § 86), während er andererseits für das Ideal weltabgewandter Askese eintritt (vgl. § 65–67). Dies könnte jedoch auch darauf hinweisen, dass das Gold in diesem Text weniger im materiellen Sinne, sondern vielmehr als symbolischer Wert zu verstehen ist.

2.1.3 Dialogstruktur und funktionale Rollenverteilung

Wie im Incipit herausgestellt, hat Aristoteles im Dialog die Rolle des Weisen bzw. Alchemisten (*al-ḥakīm*) inne, während Yūhīn als Gesandter des indischen Königs die traditionell oft von Königen vertretene Rolle des al-

4 S. ENDRESS 1990, 11; 2003, 49–51; 1955, 1; DIETERICI 1883. XI; RUDOLPH 2004, 16–18. Zentrale Texte des arabischen Neuplatonismus, die Aristoteles zugeordnet wurden sind z.B. das auf Proklostexten basierende *K. al-Īḍāḥ* (das lateinische *Liber de Causis*, vgl. Anm. 22) und die arabische Plotin-Paraphrase *Uṯūlūǧīya*, die als Theologie des Aristoteles bekannt wurde.

5 Vgl. HÖSLE 2006, 90.

6 Vgl. z.B. die Schrift des Brahmanen Biyūn, der als Alchemist auftrat und nach Jerusalem reiste, sowie die unter indischen Pseudonymen verfassten Schriften zur Magie (s. ULLMANN 1972, 186; 381–383).

chemistischen Adepten übernimmt.[7] So ist es auch Yūhīn, der seine Fragen an Aristoteles richtet, bis es in der Mitte des Dialogs zu einem vorübergehenden Rollentausch kommt, infolge dessen Aristoteles als Fragender und Yūhīn als Informant auftritt, bevor im Schlussteil die anfängliche Rollenverteilung wieder aufgenommen wird.

Die beiden Wechsel in der Rollenverteilung markieren zugleich die inhaltliche Struktur des Dialogs, der sich thematisch aus drei unterschiedlichen Teilen zusammensetzt: Während der erste Teil des Gesprächs (§ 1–61) kosmologischen Themen gewidmet ist, gibt Yūhīn Aristoteles nach dem Rollentausch Auskunft über asketische und magische Praktiken (§ 62–85), bis er Aristoteles nach dem Verfahren der Goldherstellung fragt und damit den abschließenden alchemischen Teil des Dialogs einleitet (§ 86–117).

Es ergibt sich somit eine symmetrische Dreiteilung des Gesprächs, das von Yūhīn begonnen und beschlossen wird. Diese Symmetrie kommt auch auf inhaltlicher Ebene zum Ausdruck, da Aristoteles das Gespräch zum Schluss auf das anfängliche Thema der vier Naturen zurückführt, indem er diese in den alchemischen Kontext integriert. Auch die Frage nach dem Stein der Weisen, die den Dialog einleitet, wird im Schlussteil durch die Beschreibung des Verfahrens der Elixierherstellung indirekt wieder aufgegriffen, obgleich der Deckname des „Steins“ für das Elixier während des gesamten Gesprächs nicht wieder verwendet wird.

Von seiner äußeren Rahmenstruktur her ist der Dialog auch im Sinne eines kulturellen Austauschs zwischen griechisch-hellenistischen und indischen Traditionen angelegt. Dabei wird deutlich, dass beide Gesprächspartner über ein gewisses, wenn auch oberflächliches Vorwissen hinsichtlich der anderen Kultur verfügen, das jeweils zum Anlass für vertiefende Fragen genommen wird. So kennt Yūhīn beispielsweise die hellenistischen Alchemisten und einzelne Aspekte der aristotelischen Materietheorie (vgl.

7 Für Ruska (1931, 319) spiegelt der Dialog als literarische Form alchemistischer Schriften die historische Realität des mündlichen Austauschs zwischen Schüler und Lehrer bzw. König und Weisem im alchemistischen Lehrbetrieb wider. Die Rolle des Inders als alchemistischem Adepten erscheint hier insofern als glaubwürdig, als die Inder al-Bīrūnīs Bericht zufolge bis ins frühe 11. Jh. hinein nur geringe Kenntnisse der Alchemie besaßen und angeblich lediglich die Wissenschaft des sogenannten *Rasayana* zur Herstellung lebensverlängernder Arzneien praktizierten. Die Vermittlung der Alchemie nach Indien erfolgte vermutlich erst zu späterer Zeit durch die persischen Nestorianer (s. Lippmann 1919, 435; 446; al-Bīrūnī 1958, 128).

§ 3), während Aristoteles angibt, die Bücher der Inder gelesen zu haben. Im Laufe des Gesprächs stellen sich dann auch die persönlichen Kompetenzgebiete der beiden Gesprächspartner heraus – bei Aristoteles sind dies die Naturen (*aṭ-ṭabāʾiʿ*) und bei Yūhīn die Geister (*al-arwāḥ*) – zu denen sie einander jeweils besonders eingehend befragen. Hierbei zeichnen sich sowohl Yūhīn als auch Aristoteles durch zum Teil kritisches Hinterfragen der Aussagen ihres Gesprächspartners aus (vgl. z.B. § 41–43 und § 73).

2.2 Inhaltliche Analyse: Themen und Intertexte

2.2.1 Kosmologie

2.2.1.1 Die vier Naturen (§ 1–29)

DISKUSSION ÜBER DIE NATUREN, AUSGEHEND VON DER FRAGE NACH DEM STEIN (§ 1–13)

Ausgangspunkt des Gesprächs ist Yūhīns Frage nach dem Stein, der als begehrt und nur schwierig zu erlangen umschrieben wird und hier als Deckname für das alchemische Elixier dient.[8] Die Charakterisierung des Steins soll nun durch seine Naturen (*ṭabāʾiʿ*) erfolgen. Gemeint sind die vier Elementarqualitäten der aristotelischen Physik warm, kalt, feucht und trocken.[9] Der von Yūhīn als bereits bekannt vorgebrachte Grundsatz, die vier Naturen seien in allen Dingen, ist ebenfalls aristotelischen Ursprungs und findet sich auch in der kosmologischen Debatte der *Turba Philosophorum.*[10] Für die im Folgenden von Aristoteles formulierte Aussage, eine Natur könne nur durch ihr Zusammenwirken mit einer weiteren, ihr ähnlichen Natur einen Metallkörper (?) verderben sowie für das Konzept der

8 Vgl. ULLMANN 1972, 258.

9 Der Terminus *ṭabāʾiʿ* als Äquivalent der griechischen δυνάμεις findet sich sowohl in der arabischen alchemistischen Literatur (insbesondere im Ǧābir-Corpus), als auch bei einer Gruppe hellenisierender Naturphilosophen, die bei den muslimischen Theologen als *aṣḥāb aṭ-ṭabāʾiʿ* oder *ṭabīʿīyūn* bezeichnet werden. Diese scheinen der materialistischen Dahrīya nahegestanden zu haben und Gegner der Muʿtazila gewesen zu sein. (s. KRAUS 1986, 165f, Anm. 7). Ǧābir selbst zählt sich nicht zu dieser Gruppe, ebensowenig wie der Verfasser des *K. Sirr al-ḫalīqa*, der sich ebenfalls ausführlich mit den *ṭabāʾiʿ* auseinandersetzt. Im Gegensatz zum aristotelischen Konzept der Elementarqualitäten handelt es sich bei den *ṭabāʾiʿ* in den arabischen alchemischen Texten nicht um abstrakte Eigenschaften, die den vier Elementen anhaften, sondern um eigenständig existierende Einheiten (s. PINGREE / HAQ 1998, 27).

10 S. ARISTOTE 1966, 64; RUSKA 1931, 178f.

insgesamt sechzehn Naturen mit je vier Naturen innerhalb der vier ursprünglichen Naturen konnten bislang keine Parallelen in anderen alchemistischen Texten gefunden werden.

Wie kommt es zur Verschiedenheit von Substanzen mit denselben Naturen? (§ 14–21)

Diese Frage wird am Beispiel des Safran und des *Calamus*[11] erläutert, die beide warm und trocken und daher in manchen Anwendungen austauschbar sind, obwohl sie sich in Farbe, Geschmack, Nutzen und Schädlichkeit unterscheiden. Es könnte sich hierbei durchaus auch um Decknamen für chemische Substanzen handeln, zumal gerade *zaʿfarān* oftmals den Schwefel bezeichnet.[12] Mit seinem Hinweis, dass zwei Naturen einander niemals gleichen würden, bezieht sich Aristoteles vermutlich auf deren spezifische Qualitätenmischung, die sich durch unterschiedliche Proportionen der Grundqualitäten ergibt.[13] Wie hier im Dialog wird auch in der *Turba* auf die Vielfältigkeit der Naturen des Geschaffenen und der Geschöpfe hingewiesen.[14] Aristoteles' Erwähnung des Euphrats als Beispiel für einen wasserreichen Fluss in diesem Zusammenhang könnte als Hinweis auf einen östlichen Ursprung des Dialogs gelesen werden, da für einen alchemistischen Text aus dem alexandrinischen Kontext ein Vergleich mit den Wassertropfen des Nils sicherlich naheliegender gewesen wäre.[15]

---

11 Beim *Calamus aromaticus* (arab. *qaṣb aḏ-ḏarīra* bzw. *qaṣb aṭ-ṭīb*) handelt es sich um ein ursprünglich indisches Rohrgewächs, aus dessen Rhizomen Parfum in Form eines weißlich-gelben Pulvers hergestellt wird (vgl. Lane 1863, 957).

12 S. Siggel 1951, 21.

13 Vgl. die Darstellung im *K. Sirr al-ḫalīqa*: „Da sich diese Qualitäten in mannigfachen, quantitativ verschiedenen Proportionen mischen, besitzt jeder Naturkörper eine ihm speziell eigene Qualitätenmischung, auf welcher seine spezifischen Eigenschaften beruhen." (Weisser 1980, 40); vgl. auch Holmyard 1957, 21. Auch die Gruppe der als *ṭabīʿīyūn* bezeicheten Naturphilosophen hat das Entstehen verschiedener Eigenschaften wie Farben und Gerüche auf das Mischungsverhältnis der vier Elemente zurückgeführt (vgl. 1972, 145; al-Ašʿarī 1950 II, 28).

14 Vgl. die *Sermones* des Anaximenes (Ruska 1931, 184f) und des Xenophanes (Plessner 1975, 83–83): Alles Geschaffene unterscheidet sich voneinander, da Gott dessen Naturen verschieden gemacht hat, jedes Geschöpf ist von verschiedener Natur. Monismus und Diversität der Dinge werden somit in der *Turba* miteinander in Einklang gebracht (s. Plessner ebd.).

15 Vgl. z.B. Vereno 1992, 337 zur symbolischen Verwendung der Nilflut im alchemistischen Schrifttum.

Gift tötet durch seine Kälte (§ 22–25)

In diesem Abschnitt könnten die Begriffe „Gift“ (*samm*) und „Kälte“ (*bard*) möglicherweise auch als Decknamen chemischer Substanzen verwendet worden sein. So bezeichnet *samm* in der arabischen Alchemie oftmals Kupfer und *bard* Quecksilber.[16]

Verhältnis der Naturen zu den Geschmacksqualitäten (§ 26–29)

Im *K. Sirr al-ḫalīqa* wird Honig als Beispiel für Süßes, Aloe als Beispiel für sehr Bitteres angeführt. Süße weise eine ausgeglichene Mischung aus Wärme und Feuchtigkeit, Bitterkeit hingegen übermäßige Kälte und Trockenheit auf.[17] Yūhīns Information über die Bitterkeit als warm und trocken wäre damit unzutreffend, Aristoteles macht ihn auf diese Unstimmigkeit aufmerksam.

2.2.1.2 Entstehung der Materie durch Gottes Schöpfung (§ 30–50)

Ursprung der Naturen (§ 30–36)

Aristoteles' Aussage, die Naturen seien „von“ bzw. „aus“ Gott (*minhu*, § 33) kann im neuplatonischen Sinne als Entstehung der Vielheit aus dem Einen verstanden werden.[18] Der Hinweis, dass alles Geschaffene aus den vier Naturen entstanden ist (§ 35) findet sich auch im *K. Sirr al-ḫalīqa*.[19]

Lokalität Gottes (§ 37–44; 54)

Aristoteles charakterisiert Gott als zugleich transzendent und immanent, als „über allem Seienden“ (*fawqa kulli šay'in*) (§ 40; 44; 54) und „in allem Seienden“ (*fī kulli šay'in*) (§ 41f). Dieselbe Tendenz findet sich auch in der arabischen Überlieferung der Neuplatoniker Proklos und Plotin. So wird die Proklossche Erste Ursache (*al-ʿilla al-ūlā*) im pseudoaristotelischen *K. al-Īḍāḥ fī l-ḫayr al-maḥḍ*[20] ebenfalls zugleich als „über allem Seienden“ und „in allem Seienden“ dargestellt:

---

16 S. Siggel 1951, 34; 42.

17 S. Weisser 1980, 141.

18 S. Dieterici 1877, 118.

19 S. Weisser 1980, 91.

20 Alternativer Titel in einer Istanbuler Hs.: *Kalām fī maḥḍ al-ḫayr* ‚Rede über das Reine Gute‘ (s. Taylor 1986, 37); bei ʿAbd al-Laṭīf al-Baġdādī, Ibn Abī Uṣaybiʿa und Ibn Sabʿīn dem „Weisen Aristoteles“ zugeschrieben, ins Lateinische übersetzt als *Liber de Causis* (vgl. Badawī 1955, 14f). Es handelt sich um ein Kom-

إن العلة الأولى أعلى من الصفة وإنما عجزت الألسن عن صفتها من أجل وصف أنيتها لأنها فوق كل علة واحدة [...] والعلة الأولى فوق الأشياء كلها لأنها علة لها.[21]

„Die Erste Ursache ist über die Beschreibung erhaben. Die Zungen vermochten Ihr keine Eigenschaft zuzuweisen, als sie Ihr Sein beschreiben wollten, denn Sie ist Eine, die über allen Ursachen steht. [...] Die Erste Ursache steht über allem Seienden, da Sie deren Ursache darstellt."

فقد بان ووضح أن العلة الأولى فوق كل اسم يسمى [sic] به وأعلى منه وأرفع.[22]

„Es hat sich herausgestellt, dass die Erste Ursache über jedem Namen steht, mit dem Sie benannt wird und dass Sie über ihm steht und über ihn erhaben ist."

العلة الأولى موجودة في الأشياء كلها.[23]

„Die Erste" Ursache existiert in allem Seienden.

Es scheint, als habe sich der Verfasser des Dialogs in § 54 geradezu wörtlich-syntaktisch am *K. al-Īḍāḥ* orientiert und lediglich *huwa* an die Stelle der Ersten Ursache gesetzt. Gegenüber der arabischen Proklosbearbeitung

pendium zweier neuplatonischer Quellen: Die „Elemente der Theologie" (Στοιχείωσις θεολογική) des Proklos und die arabische Paraphrase der plotinischen Enneaden (s. D'Ancona 1995, 156). Nach Endress gehörten die Verfasser dieses und anderer Proklos-Texte wahrscheinlich zu einer dem Philosophen al-Kindī nahe stehenden Übersetzergruppe im Bagdad des frühen 3./9. Jh. (s. Taylor 1986, 39f). D'Ancona (1995, 193f.) hält es auch für möglich, dass al-Kindī selbst den Text verfasst hat.

21 Badawī 1955, 8f. Hervorhebungen in diesem und den folgenden Zitaten von der Verfasserin.

22 Badawī 1955, 23.

23 Badawī 1955, 24. Vgl. auch die Proklosschrift *Huğağ Bruqlis fī qidam al-ʿālam* (*De Aeternitate mundi*): ليس شيء خارج الكل [...] بل هو مشتمل على كل شيء. (Badawī 1955, 40) – „Nichts ist außerhalb des Allumfassenden [...], vielmehr enthält Es alles Seiende."

erweist sich der Dialog somit als bereits weitergehend islamisiert, da er nicht mehr *al-ʿilla al-ūlā* sondern *Allāh* als oberstes metaphysisches Prinzip anführt.[24]

Die Vorstellung des transzendenten Gottes, der über alles Seiende erhaben ist, wird auch von den islamischen Theologen vertreten, etwa in der Exegese aṭ-Ṭabarīs zu Q 22:62: هو فوق كل شيء و كل شيء دونه.[25] – „Er ist über allem Seienden und alles Seiende ist unter Ihm.“ Eine Haltung, die dem neuplatonischen Panentheismus zumindest nahekommt, wäre in der islamischen Theologie vielleicht noch am ehesten bei den Muʿtaziliten anzutreffen, die zum Teil annahmen, Gott sei allgegenwärtig (*bi-kulli makānin*).[26]

Die Erschaffung der Erde / des Bleis (§ 45–50)

Zusammenfassung

Der Wind bringt das Feuer aus dem Inneren des Wassers hervor,[27] um zusammen mit diesem den aufsteigenden Rauch zu fertigen. Der Rauch verfestigt sich und wird vom Wind formbar gemacht, damit Gott aus ihm schaffe, was Er wolle. Der verfestigte Rauch (Sf)[28] kommt mit dem Wasser (Hg) in Berührung und wird in ihm zu Erde (Metallkörper / Blei).[29] Das Wasser (Hg)[30] flieht vor Wind und Feu-

---

24 Auf ähnlich Weise hat auch der khorasanische Philosoph Abū l-Ḥasan al-Amīrī aus dem 10. Jh. in seinen *Fuṣūl fi-l-maʿālim al-ilāhīya* die philosophischen Lehren des *K. al-Īḍāḥ* an islamische Konzepte angepasst und *al-ʿilla al-ūlā* durch *al-ḫāliq* oder *al-bāriʾ* ersetzt (s. Taylor 1986, 41). Die Interpretation des neuplatonischen „Einen“ als Schöpfergott findet sich bereits in den arabischen Plotin-Bearbeitungen (s. Rudolph 1989, 117).

25 aṭ-Ṭabarī 1987, Ǧuzʾ 17, 137.

26 S. al-Ašʿarī 1950 I, 262.

27 In der *Turba* wie auch im *K. Sirr al-ḫalīqa* und im *K. as-Sabʿīn* von Ǧābir findet sich in leichter Abwandlung der aristotelischen Elementenlehre die Idee der beiden in jedem Körper latent vorhandenen Qualitäten, welche die beiden manifesten Qualitäten ergänzen (s. Holmyard 1957, 72f.; Weisser 1980, 40). Auf dieser Vorstellung beruht auch Platons Rat im 45. Sermo der *Turba*, „das Feuer im Inneren des Wassers“ zu verstärken (s. Ruska 1931, 232) sowie der hier im Dialog geschilderte Vorgang, bei dem das im Wasser verborgene Feuer zum Vorschein gebracht wird.

28 Nach der aristotelischen Theorie der zwei Exhalationen gehört Schwefel zu den Substanzen, die aus warm-trockenem Rauch bestehen (s. Holmyard 1957, 22).

29 *arḍ* „Erde“ wird in alchemistischen Texten als Deckname für Blei oder einen anderen Metallkörper verwendet (s. Siggel 1951, 14; 24).

30 Sowohl *māʾ* „Wasser“ als auch *al-farrār* „der Fliehende“ dienen in der arabischen Alchemie als Decknamen für Quecksilber (Hg) (s. Siggel 1951, 14; 18; 49f).

er, und auch die übrigen Elemente ziehen sich von der Erde zurück, so dass sie ihre beiden Qualitäten ‚kalt' und ‚trocken' erhält.

Die Schilderung Aristoteles' weist verschiedene semantische Ebenen auf, durch die sie sich sowohl kosmologisch als auch alchemisch deuten lässt. Wie auch in der *Turba* werden eingeweihte Leser hier bereits im kosmologischen Teil des Dialogs anhand von Decknamen in alchemistische Lehren eingeführt.[31]

Nach kosmologischer Deutung wird hier die Erschaffung der Erde beschrieben, die Gott durch Zusammenwirken der übrigen Elemente entstehen lässt. Grundlage der hier beschriebenen Transformation von warm-trockenem Rauch zu kalt-trockener Erde ist die aristotelische Theorie von der Umwandlung der Elemente durch Veränderung ihrer Elementarqualitäten.[32] Es fällt auf, dass in dieser Schilderung der Wind *(rīḥ)* eine bedeutende Rolle einnimmt, während die Bezeichnung für das Element Luft (*hawāʾ)* fehlt.[33] Offenbar soll hier der bewegte Aspekt der Luft hervorgehoben werden, was auch durch die verschiedenen Verben der Bewegung (*ḥarraka, ḫaḏḫaḏa, zaʿzaʿa*) zum Ausdruck kommt, vermutlich in Anlehnung an aristotelische Schriften, in denen das Erschaffende als „Beweger" bzw. „bewegende Ursache" bezeichnet wird.[34] Obgleich der Wind hier als vermeintlich handelnder „Beweger" auftritt, wird deutlich gemacht, dass dieser Gott als dem Lenker des Schöpfungsprozesses untersteht (vgl. § 46f). Wie auch bei den ašʿaritischen Theologen wird an diesem Zusammenhang Gottes Wille als Voraussetzung der Schöpfung betont.[35] Der Verfasser des Dialogs bedient sich hier des u.a. auch im *K. Sirr al-ḫalīqa* und in der *Turba* verwendeten Motivs von Gottes Erschaffung der Elemente am Anfang des Schöpfungsprozesses, welches die antike Elemen-

---

31 Vgl. Plessner, 1975, 44; 89.

32 Vgl. Aristote 1966, 53; Garbers / Weyer 1980, 62; Holmyard 1957, 20.

33 Möglicherweise hat sich der Verfasser hierbei am *K. Sirr al-ḫalīqa* orientiert, wo *rīḥ* zur Wiedergabe des griechischen ἀήρ verwendet wird, *hawāʾ* bezeichnet dort den ruhenden Wind (s. Balīnūs al-Ḥakīm 1979, 189; Weisser 1980, 98). Vgl. § 116 des Dialogs, wo Aristoteles *rīḥ* und *hawāʾ* als Synonyme darstellt. Insgesamt scheint der Dialog jedoch dem Ǧābir-Corpus lexikalisch näher zu stehen als den Schriften des Ps.-Apollonios, vgl. dazu die Liste der naturphilosophischen Termini bei Ullmann 1972, 172f.

34 S. Worms 1900, 6.

35 Vgl. Worms 1900, 44f.

tenlehre widerspruchsfrei mit der koranischen Schöpfungslehre in Einklang bringen soll.[36]

Aus alchemistischer Perspektive und unter Annahme der bewussten Verwendung von Decknamen in diesem Dialogabschnitt lässt dieser sich darüber hinaus auch im Sinne der Quecksilber-Schwefel-Theorie als Beschreibung der Entstehung eines Metalls *(arḍ)* durch die Vereinigung von Schwefel (verdichteter *duḫḫān*) und Quecksilber *(māʾ)* lesen.[37] Bei dem entstandenen Metall handelt es sich wahrscheinlich um das kalt-trockene Blei, welches im alchemischen Prozess die Urmaterie als zu transmutierende Ausgangssubstanz symbolisiert.[38]

2.2.1.3 Ablehnung der Beschreibung Gottes (§ 51–56)

Aristoteles' ablehnende Haltung zur Beschreibung Gottes entspricht jener der neuplatonischen Metaphysik, in der das höchste Wesen ebenfalls mit keinerlei deskriptiven Prädikaten versehen werden darf.[39] Abgesehen von der negativen Konnotation des Verbs *waṣafa* in Bezug auf Gott im Korantext[40] findet sich die Ablehnung der attributiven Beschreibung Gottes im Islam erstmals bei dem von neuplatonischen Tendenzen geprägten Theologen Ǧahm b. Ṣafwān (gest. 745/128 d. H.), der als Vorläufer der Muʿtazila gilt.[41] Für Ǧahm und die Muʿtaziliten ist es jedoch legitim, Gott in Be-

---

36 S. Ruska 1931, 293; Rudolph 1989, 149; Vereno 1992, 50; vgl. Lippmann 1919, 314f.

37 Vgl. Ullmann 1972, 260f sowie die Schilderung der Entstehung der Metalle aus ihren Grundbestandteilen Schwefel und Quecksilber bei den Iḫwān aṣ-Ṣafāʾ (10. Jh.): Durch Verdichtung der wässrigen und rauchartigen Dämpfe entstehen Hg und Sf. Hg ist wässrig, entflieht der Wärme. Sf und Hg durchdringen sich, wobei Sf durch Hg weich und formbar gemacht wird, so dass aus beiden die Metalle und Mineralien entstehen (s. Lippmann 1919, 376).

38 S. Anm. 31. Theoretisch könnte auch Silber gemeint sein, das ebenfalls äußerlich kalt-trocken ist (s. Garbers/Weyer 1980, 84; 56).

39 So z.B. in der Aristoteles zugeordneten *Uṯūlūǧīya* und anderen arabischen Plotintexten (vgl. Rudolph 1989, 133; Badawī 1977, 185; Frank 1965, 402f).

40 Im Koran wird das Verb *waṣafa* zumeist im Kontext negativer Charakterisierungen Gottes durch Ungläubige verwendet (s. Wolfson 1976, 117f; Q 6:100; Q 21:18, 22; Q 23:91; Q 37:159, 180; Q 43:82).

41 S. Frank 1965, 395f; 400: Ǧahm ist der erste muslimische Theologe, bei dem sich der Versuch der Anpassung eines griechischen philosophischen Systems an die islamischen Lehren erkennen lässt. Von ihm wird zudem berichtet, er habe in Indien mit den Sumaniten (*as-sumanīya*) theologische Diskussionen geführt (s. al-Murtaḍā 1902, 21; Wolfson 1976, 67f) – ganz so wie Aristoteles, der in diesem Dialogabschnitt Ǧahms Standpunkt vertritt, zu diesem Thema nun eben-

zug auf sein schöpferisches Handeln zu beschreiben, wie es Aristoteles hier beabsichtigt (§ 56), da dies nicht seine koranisch verbotene Gleichstellung mit anderen Wesen impliziere.[42] Mit ihrem Grundsatz, Gott nicht als etwas Seiendes (*šay'*) zu bezeichnen (vgl. § 54; 56), gehörten die Ǧahmiten zu einer Minderheit unter den damaligen Theologen, welche mehrheitlich die Ansicht vertraten, Gott sei etwas Seiendes, das sich vom übrigen Seienden unterscheide (*šay'un lā ka-l-ašyā'*).[43] Auch in der Doxographie des Ps.-Ammonios wird die Unbeschreiblichkeit Gottes thematisiert.[44]

2.2.1.4 Schöpfung von Himmel und Erde (§ 57–61)

Um die Frage, ob die Welt anfangslos oder geschaffen sei, hat sich innerhalb der islamischen Philosophie eine grundlegende Kontroverse entwickelt. Während die als Ketzer bezeichneten Peripatetiker die aristotelische Lehre von der Anfangslosigkeit der Welt übernahmen und sich für eine allegorische Deutung der koranischen Schöpfungslehre aussprachen, verwarfen orthodoxe Theologen eben diese Lehre aus dogmatischen Gründen und waren bestrebt, die peripatetetischen Ansichten zur Weltewigkeit „mit den dem gegnerischen Lager entlehnten Waffen philosophischer Dialektik" (WORMS 1900, 40) zu widerlegen.[45]

---

falls mit einem Inder diskutiert.

42 Ǧahm: [...] لا أصفه بوصف يجوز إطلاقه على غيره كشيء وموجود [...] ونحو ذلك. أصفه بأنه قادر وموجد وفاعل وخالق [...] لأن هذه الأوصاف مختصّة به وحده (zitiert bei AL-BAĠDĀDĪ 1995, 211f.) – „Ich beschreibe Ihn nicht durch eine Beschreibung, die auch auf etwas Anderes als Ihn angewandt werden könnte, so wie Seiend, Existierend, [...] und ähnliches. Ich beschreibe Ihn als Mächtig, zur Existenz bringend, Aktiv, Schöpferisch, [...] da diese Beschreibungen allein auf Ihn zutreffen." (vgl. WOLFSON 1976, 220–222. Zur Muʿtazila vgl. WOLFSON 1976, 132–143 und GIMARET 1992, 787). *šay'* steht hier als terminus technicus in Entsprechung zum griechischen ὄν „Seiendes". Das so auch später in den arabischen Plotiniana gebräuchliche *šay'* ist bei Ǧahm erstmals in dieser Verwendung nachweisbar (s. FRANK 1965, 399f; VAN ESS 2005, 194).

43 S. AL-AŠʿARĪ 1950 I, 137f; I, 238; II, 180. Ǧahms Ablehnung der Bezeichnung Gottes als *šay'* wird später dann von den Ismaeliten wieder aufgegriffen (VAN ESS 1997, 433f).

44 S. RUDOLPH 1989, 77.

45 S. WORMS 1900, 1–3; 40. Die Ablehnung der aristotelischen Theorie von der anfangslosen Ewigkeit der Welt betraf offenbar nicht nur die konservativen Ašʿariten, sondern auch die rationalistisch ausgerichteten Theologen der Muʿtazila (s. WOLFSON 1976, 363f).

Nach dem Vorbild solcher Texte könnte dieser Dialogabschnitt gestaltet sein, in dem ein islamisierter Pseudo-Aristoteles als Vertreter der koranischen Schöpfungstheorie[46] die authentische aristotelische Auffassung von der Weltewigkeit als rein indische Irrlehre darstellt, da sie sich passenderweise mit der indischen Tradition deckt.[47]

Diese Zuordnung mag zwar sachlich nicht falsch sein, verschweigt jedoch, dass auch Aristoteles selbst diese Lehre vertreten hat, was dem Verfasser des Dialogs sicherlich bekannt gewesen ist. Anscheinend wollte er es vermeiden, den Koran offen in Widerspruch zu den Lehren Aristoteles' zu stellen, vielleicht hoffte er sogar, die arabische Aristoteles-Überlieferung durch seinen pseudepigraphen Text im islamischen Sinne zu beeinflussen.

2.2.2 Auskünfte Yūhīns zu Geistern und Askese

2.2.2.1 Reinigung des Geistes durch asketischen Essensverzicht (§ 62–67)

Yūhīn schildert hier die Möglichkeit der geistigen Läuterung durch bewusste Einschränkung der körperlichen Bedürfnisse nach Essen und Trinken und greift damit ein zentrales Thema des Neuplatonismus auf, der die Askese als Mittel zur Befreiung des Menschen zur reinen Geistigkeit verstand.[48]

Im Bagdad des 9. Jh. war diese Thematik in philosophischen Kreisen durchaus präsent, wie die *Risāla fī l-qawl fī n-nafs* des neuplatonisch geprägten al-Kindī zeigt, in der er die Ansichten griechischer Philosophen wiedergibt und Enthaltsamkeit gegenüber den sinnlichen Begierden als Bedingung für den Aufstieg der Seele darstellt.[49]

---

46 Vgl. § 59 des Dialogs und Q 50:38: ولقد خلقنا السماوات والأرض وما بينهما في ستة أيام – „Wir haben die Himmel und die Erde und was zwischen ihnen ist in sechs Tagen erschaffen." Mit der von Aristoteles angeführten Quelle seines Wissens (*mā ʿindahū* (§ 61) – „Das, was bei Ihm ist.") ist wahrscheinlich der Koran gemeint.

47 Mit den indischen Büchern, die Aristoteles gelesen haben will, könnten die Upanishaden gemeint sein, in denen der Weltprozess als anfangslos dargestellt wird (vgl. von Glasenapp 1958, 9; 45).

48 S. Schmidt 1960, 419; Rudolph 1989, 178. Vgl. z.B. Porphyrios in *De Abstinentia*: „[...] l'abstinence des aliments et des jouissances corporelles est beaucoup plus appropriée aux hommes que ne le serait la recherche de leur contact" (Porphyre 1977 I, 77f.).

49 Vgl. Platon bei al-Kindī: فأما من كان غرضه في هذا العالم التلذّذ بالمآكل والمشارب [...] وكان أيضا غرضه في لذة الجماع، فلا سبيل لنفسه العقلية إلى معرفة هذه الأشياء

Da auch in der indischen Philosophie traditionell das Ideal einer asketischen Lebensweise zur Erlangung von Erkenntnis und Befreiung des Geistes von Furcht und Begierde gepflegt wurde,[50] boten sich in der spätantiken und mittelalterlichen Literatur vor allem die Inder als Vertreter asketischer Tendenzen im Sinne des Neuplatonismus an. So beschreibt Ps.-Ammonios die Inder in seiner Doxographie als Schüler des Pythagoras, die sich in der Entsagung der diesseitigen Vergnügungen (*tark laḏḏāt hāḏa l-ʿālam*) üben.[51] Yūḥīn entspricht somit dem in der Ammonios-Doxographie gezeichneten Bild der Inder als neuplatonischer Asket, wobei dieser Abschnitt auch im Zusammenhang mit dem alchemistischen Schlussteil des Dialogs gelesen werden kann, denn auch in der neuplatonisch beeinflussten griechischen Alchemie galt Enthaltsamkeit in Ernährung und Sexualität als Weg zur geistigen Reinheit des Adepten, die notwendig war für

---

الشريفة ولا يمكنه الوصول إلى التشبّه بالبارئ سبحانه (AL-KINDĪ 1950, 274) – „Wer aber in dieser Welt den Genuss der Speisen und Getränke [...], sowie den Genuss der geschlechtlichen Vereinigung anstrebt, dessen geistige Seele hat keine Möglichkeit, Wissen über diese edlen Dinge zu erlangen, und es ist ihm unmöglich, dem erhabenen Schöpfer ähnlich zu werden.“ Anschließend zitiert al-Kindī Epikur (Afasqūrus): إن النفس إذا كانت وهي مرتبطة بالبدن تاركة للشهوات متطهّرة من الأدناس [...] فحينئذ تظهر فيها صور الأشياء كلها ومعرفتها [...] رأت في النوم عجائب من الأحلام وخاطبتها الأنفس التي قد فارقت الأبدان [...]، فتلتذ حينئذ لذة دائمة فوق كل لذة تكون بالمطعم والمشرب والنكاح (AL-KINDĪ 1950, 276f). – „Wenn die Seele während sie noch mit dem Leib verbunden ist, den Begierden entsagt und sich von den Unreinheiten reinigt, [...] so werden ihr sodann die Formen und das Wissen über alle Dinge offenbar werden, [...] sie sieht im Schlaf wunderhafte Träume, und die Seelen, die sich bereits von den Leibern gelöst haben, sprechen zu ihr. [...] So erfährt sie sodann eine immerwährende Freude, die über jeder durch Speise, Trank und Beischlaf hervorgerufenen Freude steht.“ (vgl. hierzu auch ENDRESS 1990, 14).

50 S. VON GLASENAPP 1958, 17.

51 S. RUDOLPH 2005, 162; 1989, 174–178. Die Angaben des Ps.-Ammonios zu den Indern gehen hauptsächlich auf das Brahmanenkapitel in der *Refutatio omnium haeresium* des Kirchenvaters Hippolytos von Rom zurück, eine weitere mögliche Quelle ist der Abschnitt zu den Indern aus Porphyrios’ *De Abstinentia*. Parallelen zu der Schilderung Yūḥīns weist ebenfalls der Abschnitt zum asketischen Essensverzicht der Inder in der Picatrix (*Ġāyat al-ḥakīm*) des Ps.-Mağrīṭī aus dem 11. Jh. auf. Dort wird beschrieben, wie die Inder ihre Essensmenge allmählich unter Zuhilfenahme bestimmter Drogen auf ein Minimum einschränken. Als Ergebnisse des Essensverzichts ergäbe sich dann bei ihnen eine erstaunliche geistige Leichtigkeit und Leistungsfähigkeit. Diese Praktiken hätten sie dem Buch Buddhas (*muṣḥaf al-budd*) entnommen (s. RITTER 1933, 138).

den Erfolg seines Werks und ihn zu Wahrträumen und Visionen befähigte.[52]

Die angeblich von den Indern praktizierte Technik der Erhitzung (*iḥmā'*), nach der Aristoteles hier fragt (§ 62f), könnte möglicherweise auf das indische Prinzip der *tapas* verweisen, das als Oberbegriff für asketische Praktiken wie das Fasten steht und wörtlich die dabei entstehende „innere Hitze" bezeichnet.[53] Aus alchemistischer Sicht könnte mit *iḥmā'* auch die Erhitzung der Metalle im Ofen gemeint sein.

2.2.2.2 Einwirkung der Geister (*arwāḥ*) auf die Körper (*ağsād*) (§ 68–85)

Es ist nicht auszuschließen, dass in Yūhīns Ausführungen zu den Geistern (*arwāḥ*) in diesem Dialogabschnitt verschiedene semantische Ebenen angelegt sind, eine magische zu den Einwirkungen der Geister auf den menschlichen Körper, und eine alchemische, welche das Verhältnis der als πνεύματα bezeichneten flüchtigen Substanzen zu den Metallen bzw. σώματα beschreibt. Eine enge Verbindung zur Magie weist bereits die hellenistische Alchemie auf, in deren Tradition gewissen Beschwörungen und magischen Ritualen zur Dienstbarmachung der Natur positive Auswirkungen auf das alchemische Werk nachgesagt wurden.[54]

Allem Seienden wohnt ein Geist / πνεῦμα inne (§ 68–72)

Das hier von Yūhīn gezeichnete Bild der *arwāḥ* entspricht jenem der hellenistischen Mystik, in der die πνεύματα als in der Luft schwebende Geisteshauche, Engel oder Dämonen aufgefasst werden.[55] Das Konzept der *arwāḥ* findet sich auch im *K. Sirr al-ḫalīqa*, dort jedoch offenbar in Anlehnung an die aristotelischen Sphärengeister, welche nach Ps.-Apollonios die

---

52 S. Lippmann 1919, 341.

53 Der Begriff *tapas* leitet sich im Sanskrit von der Wurzel *tap* „heiß sein / erhitzt werden" ab. *Tapas*, insbesondere in Form des Fastens und der eingeschränkten Nahrungsaufnahme, ist von zentraler Bedeutung im Jainismus und soll u.a. die Leichtigkeit des Körpers zum Ergebnis haben (s. Bhagat 1976, 13f.; 22; 183f). Da es im Laufe der Spätantike immer wieder zu Kontakten zwischen westlichen und indischen Philosophen kam, ist es durchaus denkbar, dass derartige Lehren der indischen Philosophie auch bei den Arabern bekannt waren (vgl. Karttunen 1989, 94; von Glasenapp 1958, 1–4.; Wolfson 1976, 66).

54 So z.B. bei Olympiodor (s. Lippmann 1919, 343).

55 S. Lippmann 1919, 197f.

Bewegungen von Sonne und Mond bewirken,[56] Yūhīn hingegen ordnet die *arwāḥ* der sublunaren Sphäre zu (§ 69).

DAS SCHÄDLICHE KOMMT NICHT VOM TEUFEL, SONDERN VON GOTT (§ 73–76)

Bevor er die schädlichen und nützlichen Einwirkungen der Geister auf die Körper beschreibt, macht Yūhīn deutlich, dass das Schädliche keineswegs auf den Teufel, sondern wie das Nützliche auch allein auf den einen Schöpfergott zurückzuführen ist.[57] Hiermit grenzt sich der Verfasser des Dialogs gegen die gnostisch-manichäische Vorstellung des Teufels als nahezu ebenbürtiger Gegenmacht Gottes ab, die im Widerspruch zum konsequenten islamischen Monotheismus steht.[58]

SCHADEN DURCH EINTRITT DES GEISTES IN DEN KÖRPER? (§ 77–80)

An dieser Stelle fragt Aristoteles nach dem dem Körper Schaden bringenden Geist, wobei es scheint, als würde Yūhīn diese Fragestellung in seiner Antwort nicht vollständig berücksichtigen. Vielmehr macht er deutlich, dass kein Körper zwei Geister zugleich enthalten könne und spricht von der Situation, in der dem Geist der Eintritt in den Körper verwehrt ist.

VERWENDUNG DER GEISTER ZUR ENTFERNUNG KÖRPERLICHEN SCHADENS (§ 81f)

Hier schildert Yūhīn, wie bei einer Schädigung des Körpers durch die Naturen zu Hilfe gerufene Geister über den Blutkreislauf in den Körper eindringen, um die Ursache des Schadens aus dem Körper zu entfernen. Die Assoziation von πνεῦμα und Blut findet sich auch bei den griechischen Medizinern Hippokrates und Galen, nach denen die Venen und Arterien neben dem Blut auch luftartiges πνεῦμα enthalten (vgl. auch § 70).[59]

---

56 S. WEISSER 1980, 97.

57 Vgl. die Namen Gottes *aḍ-ḍārr* „der Schaden bringende" und *an-nāfiʿ* „der Nutzen bringende" in der islamischen Tradition (s. GARDET 1960, 717).

58 Vgl. SCHÜTT 2000, 197.

59 S. PAPATHANASSIOU 2005, 127. Vgl. auch die stoische Vorstellung, nach der das πνεῦμα bei der Geburt des Menschen ins Blut übergeht und sich dann im Laufe des Lebens zur ψυχή wandelt, die nach dem Tod in den Äther zurückkehrt.

Die Geister sind den Indern dienstbar (§ 83–85)

Das Motiv der Inder als Experten für mit Geistern verbundene Zauberhandlungen wird auch in der Picatrix (*Ġāyat al-ḥakīm*) des Ps.-Mağrīṭī aufgegriffen,[60] wobei Ullmann deutlich macht, dass es sich hierbei um eine fiktive Zuordnung handelt, da die bezeichneten magischen Inhalte größtenteils hellenistischen Urspungs seien.[61] Mit den in § 84 erwähnten *ḫawātim* könnten möglicherweise als „Siegel" bezeichnete magische Zeichen und Wörter gemeint sein.[62]

2.2.3 Das alchemische Werk

2.2.3.1 Zubereitung des Elixiers zur Goldherstellung (§ 86–97)

Zusammenfassung

1. Zermahlen des Androdamas[63] bis die Schwärze aus ihm heraustritt.
2. Waschen des Androdamas mit Hermesöl aus Borax, Tinkār, Alaun und Salmiak, woraufhin er wie Marmor[64] wird.
3. Schwarzfärbung des Androdamas durch Kochen in Safran, Gallapfelsaft oder Sonnenspeichel.
4. Weißfärbung (*tabyīḍ*).[65]

---

60 Ps.-Mağrīṭī weist darauf hin, dass die „Wissenschaft der Charaktäre und Zauberhandlungen durch Geisterbeschwörung", sowie die „Kenntnis der dieser Beschwörungen untergebenen Geister" (علم القلفطيريات والرقى بالعزيمة [...] ومعرفة الأرواح الخاضعين لها) insbesondere von den Indern, den Jemeniten vom Stamm der Sakāsik und den ägyptischen Kopten gepflegt worden sei (Ritter 1933, 80; vgl. auch Ullmann 1972, 360f). Daneben wird in der Picatrix auch das pseudoaristotelische *K. al-Malāṭīs* zitiert, in dem Rezepte des weisen Inders Kīnās für durch Geister beeinflussten Liebeszauber (*nīranğāt al-arwāḥ*) angeführt werden (vgl. Ritter 1933, 247; 255). Nach Ullmann (1972, 367) ist mit Kīnās jedoch kein Inder, sondern der griechische Magier Chymes (Kīmās) gemeint.

61 S. Ullmann 1972, 361.

62 Vgl. Ullmann 1972, 362.

63 *andradāmūs*: Bei dem als ανδροδάμας (dt. „Menschenbezwinger") bezeicheten Stein handelt es sich nach Plinius um einen schwarzen, harten Hämatiten. In Decknamenlisten wird er außerdem als Bezeichnung für Eisenfeilspäne, Magnesium und das Elixier aufgeführt (s. Vereno 1992, 184, Anm. 2; Siggel 1951, 16f; 35).

64 *ruḫām* wird bei Siggel (1951, 36; 43) als möglicher Deckname für Quecksilber aufgeführt.

65 Dass mit dem Vorgang des *tabyīḍ* an dieser Stelle, wie in anderen alchemistischen Schriften auch, die Silberherstellung gemeint ist, scheint unwahrscheinlich, da das Silber erst im 7. Schritt erwähnt wird. Analog zum *tabyīḍ* können der vor-

5. Anwendung von Blutstein,[66] Realgar, Chrysokoll[67] oder Kupferbrand.
6. Tagelange Kochung bei geringer Hitze, so dass das „Heilmittel" zu Spießglanz, Zinkoxid, Bleiglätte oder Ähnlichem wird.
7. Wenn die Substanz zu Blei oder Silber geworden ist, Wärme zuführen,[68] so dass daraus das „Ei" entsteht.
8. Zerreibung des „Eis" mit dem „feurigen Gift" bzw. „Mondspeichel",[69] bis das Werk bei Sichtbarwerden der Farbe der Seelen vollendet ist.

Die Tatsache, dass das hier geschilderte Verfahren nicht auf die Transmutation eines unedlen Metalls, sondern vielmehr auf die Herstellung des Elixiers ausgerichtet ist, verdeutlicht die Zugehörigkeit des Textes zur spezifisch arabischen Alchemie,[70] obgleich seine enge Verbundenheit mit der hellenistischen Tradition, die unter anderem in den aus dem Griechischen transliterierten Stoffbezeichnungen (*andradāmūs, ḫaršqullā*) zum Ausdruck kommt, unverkennbar ist. Interessanterweise werden hier die verschiedenen, durch die Farbenfolge der beteiligten Substanzen markierten Stadien der Metalltransmutation auf den Herstellungsprozess des Elixiers übertragen. Wie in der aristotelisch geprägten griechischen Alchemie erfolgt zunächst die Rückführung der zu transformierenden Substanz in ihren „schwarzen" Urzustand (vgl. § 89), bevor ihm die gewünschten Eigenschaften zugeführt werden.[71] Die Farbigkeit scheint auch das entscheiden-

---

angegangene und der folgende Schritt des Verfahrens jeweils als *taswīd* „Schwärzung" (3.) bzw. *taḥmīr* „Rotfärbung" (5.) aufgefasst werden (vgl. ULLMANN 1972, 262).

66 Die in der Glosse auf fol. 63b durch den Vergleich mit roten Linsen erläuterte, ursprünglich persische Bezeichnung *šāḏana* (auch: *šāḏanaǧ*) steht nach IBN AL-BAYṬĀR (1842, 77) für den Blutstein (*Lapis haematites*), ein rotes Eisenmineral, das auch bei Dioskurides und Galen erwähnt wird.

67 *ḫaršqullā*: χρυσόκολλα. Während das Chrysokoll bei Hippokrates nur für das zum Löten von Gold verwendete Kupfercarbonat Malachit stand, wurde es in der Alchemie als Gold hervorbringendes Wundermittel umgedeutet (s. LIPPMANN 1919, 327) und kann neben Goldlot, Grünspan, Kupfer(brand) und Schwefel auch das Elixier bezeichnen (s. SIGGEL, 1951, 16f).

68 Dass die abschließende Wärmezufuhr zur Herstellung des Elixiers benötigt wird, deckt sich mit Aristoteles' Charakterisierung des Steins der Weisen zu Beginn des Dialogs (vgl. § 3f).

69 Sowohl *as-samm an-nārī* und *luʿāb al-qamar* als auch die im 6. und 7. Schritt des Verfahrens angeführten Decknamen *ad-dawāʾ* und *al-bayḍa* bezeichnen das Elixier (s. SIGGEL 1951, 36; 42; RUSKA 1931, 204; ULLMANN 1972, 257).

70 Vgl. GARBERS/WEYER 1980, 63.

71 S. GARBERS/WEYER 1980, 62.

de Kriterium bei der Auswahl der Substanzen für das hier geschilderte Verfahren gewesen zu sein, bei dem sich zur Illustration der schrittweisen Entstehung des Elixiers folgende Farbsequenz ergibt: schwarz > weiß > rot > silbrig > „Farbe der Seelen“.[72]

Die Beliebigkeit der zu verwendenden Substanzen sowie fehlende Mengenangaben machen deutlich, dass hier, wie auch in der *Turba*,[73] eine rein literarische Auseinandersetzung mit dem alchemischen Prozess ohne praktischen chemischen Erfahrungshintergrund erfolgt. Interessant ist auch, dass in diesem Dialogabschnitt – ganz im Gegensatz zum kosmologischen Teil – Gott keine Rolle als Lenker des alchemischen Prozesses spielt. Offenbar unterscheidet der Verfasser des Dialogs bewusst zwischen göttlichem Schöpfungsakt und Umwandlung bestehender Substanzen durch das alchemisch beschleunigte Wirken der Natur.[74]

Die auf die Schilderung des Transmutationsprozesses folgende Gleichsetzung von Huhn und Mensch durch Aristoteles (§ 94f) bezieht sich möglicherweise auf die Symbolik des Eis als alchemisches Desiderat und Erzeugnis des Alchemisten.

2.2.3.2 Dauer und Zeitpunkt des Werks (§ 98–106)

Aristoteles bemisst die Dauer des Aufstiegs, der die Transmutation der Materie nach ihrer Rückführung in den Urzustand bezeichnet, mit 200 Tagen, gibt allerdings auf Yūhīns Nachfrage hin an, dass für manche Alchemisten auch die Dauer von 80 Tagen von Bedeutung ist. Möglicherweise bezieht er sich hier auf die hermetische *Risālat as-Sirr*,[75] in der die Dauer des Aufstiegs mit 80 Tagen angegeben wird.[76] Anschließend fragt Yūhīn nach der unter Alchemisten verbreiteten Tradition, bestimmte Zeitpunkte

72 Vgl. dazu die traditionelle Farbenfolge der Metalltransmutation in der griechischen Alchemie: schwarz > weiß > irisierend > gelb > purpur > rot (s. Holmyard 1957, 24f).

73 S. Ruska 1931, 282.

74 Dieselbe Unterscheidung findet sich auch bei al-Kindī und im neuplatonischen *K. al-Īḍāḥ* (s. Endress 2003, 53).

75 Bei dem Text handelt es sich nach Vereno (1992, 332) um eine arabische Bearbeitung aus dem 9. oder 10. Jh.

76 S. Vereno 1992, 270f. Die Zeitspanne von 80 Tagen als Dauer des alchemischen Werks findet sich neben weiteren Zeitangaben auch in einem Ausspruch Zosimos’ im *K. al-Ḥabīb.*

als besonders günstig für das alchemische Werk zu erachten,[77] was Aristoteles als irrelevanten Aberglauben darstellt.

2.2.3.3 Symbole des Werks bei den hellenistischen Alchemisten (§ 107–117)

Zum Abschluss des Gesprächs führt Yūhīn verschiedene Symbole des alchemischen Werks bei drei Autoritäten der hellenistischen Alchemie an, woraufhin Aristoteles die scheinbare Widersprüchlichkeit dieser Symbole auflöst, indem er sie jeweils als Sinnbilder der vier Naturen deutet.

MARIA: DAS EI (§ 107f)

Das Ei (*al-bayḍa*) findet sich in zahlreichen alchemistischen Quellen als Symbol für das alchemische Werk und gilt auch als Deckname für das Elixier.[78] Die alexandrinische Alchemistin Maria, in der arabischen Alchemie oft auch als Maria, die Koptin, bezeichnet, soll das Ei aufgrund seiner vier Bestandteile Schale, Eihaut, Eiweiß und Eigelb als Symbol der „Viereinigkeit" interpretiert haben.[79] In ähnlicher Weise wie Aristoteles das Ei hier symbolisch den vier Naturen gleichsetzt, werden die vier Teile des Eis in der *Turba* den vier Elementen zugeordnet, wodurch PLESSNER das Symbol des Eis erstmals in der Alchemiegeschichte sinnvoll gedeutet sieht.[80]

HERMES: DER KNABE (§ 109f)

Mit der Gestalt des Hermes, der in der arabischen Alchemie als einer der ersten Alchemisten gilt, ist nach hellenistischer Tradition die platonische Vorstellung des Menschen als alle vier Elemente enthaltender Mikrokosmos eng verbunden.[81] Indem sich Hermes nun in Yūhīns Darstellung eines Knaben zur bildhaften Illustration dieses Gedankens bedient, verweist er zugleich auf das aus der griechischen Alchemie bekannte Konzept des

77 Diese Zeitpunkte wurden zumeist astrologisch bestimmt. In der hellenistischen Alchemie findet sich zudem die Tradtion des „philosophischen Monats" (vgl. § 104), der besonders geeignet für die Ausführung alchemischer Aktivitäten gewesen sein sollte (s. LIPPMANN 1919, 343).

78 S. BERTHELOT 1966, 51; ULLMANN 1972, 257.

79 S. ULLMANN 1972, 182; GARBERS / WEYER 1980, 58; LIPPMANN 1919, 343.

80 Schale = Erde; Eiweiß = Wasser; Eigelb = Feuer; Haut = Luft; s. RUSKA 1931, 177f; PLESSNER 1975, 54; 56.

81 S. ULLMANN 1972, 166; 371; 373; LIPPMANN 1919, 60.

ἀνθρωπάριον („Menschlein"), dessen Aufsteigen bei Olympiodor und Zosimos das Ziel des alchemischen Werkes versinnbildlicht.[82]

Zosimos: Der Mensch mit seiner Seele als quinta essentia (§ 111f)

Die Schriften des Zosimos von Panopolis (4. Jh. n. Chr.) spiegeln den Übergang von der gnostisch-hermetischen zur neuplatonischen Alchemie wider.[83] Wie zuvor Hermes verwendet auch er Yūḥīn zufolge den Menschen zur symbolischen Darstellung des alchemischen Werks, bezieht jedoch die Seele als fünfte Natur in sein Sinnbild ein.[84] Die Lehre von der *quinta essentia* geht auf Aristoteles' Schrift *De Caelo* zurück, in der er den himmlischen Äther als von den vier irdischen Elementen verschieden beschreibt und wurde im Arabischen von al-Kindī und al-Fārābī wieder aufgegriffen.[85] Yūḥīns Hinweis auf die Gelehrten, die die fünf Naturen postuliert hätten, könnte sich theoretisch auch auf indische Gelehrte beziehen, da auch in der indischen Elementenlehre von fünf Elementen inklusive des Äthers ausgegangen wird.[86]

Der logische Zusammenhang der den Dialog abschließenden Bemerkungen zur fünften Natur (§ 113–117) erschließt sich zum Teil nicht auf den ersten Blick,[87] möglicherweise entsprach es hierbei der Absicht des Verfassers, seinen Text mit bewusst ambivalenten oder auch verschlüsselten Hinweisen zu beschließen.

82 S. Lippmann 1919, 346.

83 S. Ullmann 1972, 147.

84 In gleicher Weise steht auch in der hermetischen *Risāla al-maʿrūfa bi-l-falakīya al-kubrā* aus dem 10. oder 11. Jh. die Seele als der Himmelssphäre zugehörige *quinta essentia* den vier irdischen Elementen gegenüber (vgl. Vereno 1992, 218; 333).

85 S. Endress 2003, 52.; Lippmann 1919, 141f; vgl. Lloyd 1970, 109f.; Worms 1900, 18; 24.

86 S. Lippmann 1919, 431. Einen Zusammenhang zwischen griechischer und indischer Elementenlehre hält Lippmann nicht für wahrscheinlich.

87 Eine interessante Parallele zu Yūḥīns Frage nach *ad-dunyā*, auf die Aristoteles mit seinem Hinweis auf die Einheit von Wind und Luft antwortet (§ 115f), findet sich bei dem Muʿtaziliten Zuhayr al-Aṯarī, dem dieselbe Frage gestellt wurde wie hier Aristoteles und der in seiner Antwort ebenfalls auf die Luft verweist: واختلفوا في الدنيا، ما هي؟ [...] هي الهواء والجوّ (al-Ašʿarī 1950 II, 117) – „Sie waren sich uneinig über die diesseitige Welt, was ist sie? [...] Sie ist Luft und Atmosphäre."

3 Zusammenfassung: Literaturgeschichtliche Einordnung des Dialogs

Anhand der im vorangegangenen Kapitel angeführten intertextuellen Bezüge des Dialogs des Aristoteles mit dem Inder Yūhīn wird deutlich, dass dieser zusammen mit Werken wie dem *K. Sirr al-ḫalīqa*, der arabischen Fassung der *Turba Philosophorum* und der Ammonios-Doxographie (*K. Amūnyūs fī ārāʾ al-falāsifa*) einem Schriftenkreis arabischer Pseudepigrapha des 3./9. Jh. angehört, die sich durch eine produktive Rezeption antiker und spätantiker Überlieferung auszeichnen. Diesen Texten gemeinsam ist die Entwicklung einer neuen, synkretistischen Weltsicht aus der Verbindung von Elementen griechisch-hellenistischer Philosophie mit den theologischen Lehren des Islam, gewissermaßen als spezifisch islamische Fortführung des Hellenismus, die in diesen Schriften von antiken Autoritäten präsentiert wird.[88] So vermischen sich in den verschiedenen Abschnitten des hier edierten Dialogs, wie in den übrigen angeführten Pseudepigrapha auch, Spuren antiker Naturphilosophie mit koranischen Lehren im Rahmen eines kreationistisch interpretierten Neuplatonismus.

Nicht nur Aristoteles, auch Yūhīn tritt in diesem Zusammenhang durchaus als philosophische Autorität bezüglich vermeintlich indischer Themen auf. Hierbei bedient sich der Verfasser des seit der Spätantike populären, unter anderem auch aus dem Alexanderroman bekannten literarischen Motivs des indischen Weisen, welches sich vor dem Hintergrund des spätantiken Verständnisses von Indien als „Land der Weisheit" und Heimat der asketischen Gymnosophisten geformt hatte.[89]

In Fortführung dieser hellenistischen Tradition werden den Indern in den arabischen Pseudepigrapha sogar eigene doxographische Textabschnitte gewidmet, wobei sich hier jedoch eine Relativierung und Differenzierung des spätantiken Indienbildes beobachten lässt. So erscheinen die Inder Brāhman und Kālūs[90] im *K. Sirr al-ḫalīqa* nicht als Inbegriff von

88 S. Rudolph 1989, 11f; 127; 208f; 1995, 132–136; 2005, 165. Auch die Schriften al-Kindīs lassen sich dieser synkretistischen Rezeptionsbewegung zuordnen (s. Rudolph 2004, 16–18).

89 S. Karttunen 1989, 108.

90 Gemeint ist wahrscheinlich der aus der griechischen Tradition bekannte indische Philosoph Calanos (s. Rudolph 1994, 162).

Weisheit, sondern vielmehr als Vertreter zu widerlegender Lehrmeinungen,[91] und auch die Brahmanen in der Doxographie des Ps.-Ammonios werden zwar der spätantiken Tradition entsprechend als Asketen dargestellt, beziehen jedoch ihre „Weisheit" von den griechischen Philosophen.[92] In der *Turba* werden die Inder nur am Rande als angebliche Informanten Demokritos' erwähnt.[93]

Alle diese drei in den untersuchten arabischen Pseudepigrapha herausgestellten Funktionen der Inder (Informanten, Asketen, Anhänger von Irrlehren) lassen sich nun bemerkenswerterweise in der Figur Yūhīns wiederfinden (vgl. Kap 2.2.2.1 und 2.2.1.4), was den Eindruck des engen Bezugs des Dialogs zu diesen Schriften bestätigt.

Der oben umschriebene hellenistisch-islamische Synkretismus bildet den weltanschaulichen Hintergrund, vor dem der Dialog seine alchemistische Thematik entfaltet, woran die besondere Nähe des Dialogs zur *Turba Philosophorum* deutlich wird. Beiden Texten gemeinsam ist sowohl die literarische Dialogform als auch der thematische Aufbau aus kosmologischem und alchemischem Teil, der hier im Dialog lediglich durch die Ausführungen des Inders im Mittelteil unterbrochen wird. Beide Texte vermögen zudem in ihrem kosmologischen Teil, der jeweils in besonderem Maße der Lehre der vier Elemente bzw. Naturen gewidmet ist, die Kontroversen der frühen islamischen Theologie und Philosophie widerzuspiegeln.[94]

Sowohl in der *Turba* als auch im Dialog zwischen Yūhīn und Aristoteles werden die Themenkomplexe von Kosmologie und Alchemie dadurch verbunden, dass das alchemische Werk indirekt der Weltschöpfung gegenübergestellt wird.[95] So wird in der *Turba* herausgestellt, dass sowohl Gottes Schöpfung als auch das alchemische Werk die Verbindung aller vier Elemente zur Bedingung haben.[96] Diesen Gedanken greift Aristoteles auf,

---

91 Vgl. Weisser 1980, 82f; Rudolph 2005, 168.

92 Vgl. Rudolph 1989, 185.

93 Diese Angabe geht vermutlich auf die griechischen Doxographien zurück, wo von Demokrit berichtet wird, dass er auf seinen Reisen auch indischen Gymnosophisten begegnet sei (s. Plessner 1975, 62; 64).

94 S. Rudolph 2005, 165f; Ruska 1931, 293; Plessner 1975, 12; 58.

95 Vgl. Lippmann 1919, 342: „Insoferne das große Werk die Vereinigung der aufeinander wirkenden Substanzen zu einer neuen erfordert, verrät es völlige Analogie mit einer Neuschöpfung im Kosmos."

96 Vgl. Plessner 1975, 89f.

als er im Schlussteil des Dialogs die vier Naturen als Charakteristika des alchemischen Werks darstellt.

Im hier edierten Dialog verdeutlicht sich die Analogie von Schöpfung und alchemischem Werk vor allem anhand der Figur des Schöpfers, dem das als Stein bezeichnete Elixier als schöpferisches Pendant im alchemischen Prozess gegenüber gestellt wird. Obgleich im Dialog klar zwischen dem Elixier, das als *šay'* bezeichnet wird,[97] und Gott, der nicht als *šay'* bezeichnet werden dürfe, unterschieden wird (§ 54), werden beide ansonsten in ähnlicher Weise charakterisiert: Beide entziehen sich einer genauen Beschreibung und Definition,[98] beide werden als *wāḥid* „Einer" beschrieben (§ 1 / § 54) und beide zeichnen sich durch ihr schöpferisches Potential aus, das Elixier als *ṣāniʿ*[99] (§ 1) und Gott als *ḫāliq* (§ 56; 75). So spricht sich der Verfasser des Dialogs zwar mit den muʿtazilitischen Theologen gegen jegliche Beschreibung Gottes aus, die Ihn in die Nähe des Profanen rücken würde, erhebt das alchemische Elixier jedoch dessen ungeachtet gleichsam in den Bereich des Sakralen, indem er dieses auf ähnliche Weise darstellt wie den Schöpfergott selbst.[100]

Als Anhaltspunkt für eine Datierung des Dialogs dient zunächst die *Fihrist*-Abfassung im Jahr 988 als *terminus ante quem.*[101] Ein möglicher *terminus post quem* könnte lediglich aufgrund der intertextuellen Bezüge des

97 Die in § 54 verwendete Bezeichnung „der Verächtliche" *(al-ḥaqīr)* als Name für das alchemische Elixier findet sich u.a. im *K. al-Uṣūl* des Ps.-Ostanes (vgl. Ullmann 1972, 259).

98 Während das Wesen des Elixiers durch seine unzähligen Decknamen offenkundig verschleiert wird (vgl. Kap. 2.2.3.1), werden dem Wesen Gottes nach der hier im Dialog von Aristoteles vertretenen neuplatonisch-muʿtazilitischen Lehre derartige Attribute von vornherein weitestgehend versagt. Beide Vorgehensweisen können als Ausdruck desselben Tabus der Unsagbarkeit gedeutet werden, durch das der unantastbare Charakter des Bezeichneten gewahrt werden soll.

99 In den arabischen Plotin-Schriften steht *ṣāniʿ* in der Regel zur Wiedergabe des griechischen δημιουργός, mit dem Platon den Schöpfergott bezeichnet (vgl. Badawī 1977, 248).

100 Im Hinblick auf diese Problematik könnte unter Umständen der Abschnitt von § 73 bis § 76 neu interpretiert werden, wenn man *aš-šayṭān* als Deckname für das Elixier (s. Siggel 1951, 42) auffassen will. In diesem Sinne würde der Verfasser an dieser Stelle verdeutlichen, dass dem Elixier an sich keine Macht zukommt und dieses dem Schöpfer untergeordnet ist.

101 Vgl. Einleitung, Anm. 2. Nach Brockelmann wurde der *Fihrist* im Jahr 988 vollendet (s. Lippmann 1919, 397).

Dialogs angesetzt werden: So scheint es wahrscheinlich, dass der Verfasser des Dialogs sowohl die Anfang des 9. Jh. entstandenen arabischen Bearbeitungen der Neuplatoniker wie das *K. al-Īḍāḥ*[102] als auch das vermutlich um 820 oder 830 verfasste[103] *K. Sirr al-ḫalīqa* (vgl. z.B. §§ 26–29) gekannt hat.

Wenn der Dialog auf eine griechische Vorlage zurückgehen sollte, so müsste diese nach Zosimos (5. Jh.) verfasst worden sein. Aufgrund der islamischen Elemente des Textes erscheint diese Möglichkeit jedoch im Fall dieses Dialogs wie auch bei der *Turba* relativ unwahrscheinlich.[104]

Ein interessanter Hinweis, der für die Datierung des Dialogs hilfreich sein könnte, findet sich in der Ammonios-Doxographie: Dort wird auf Bücher des Aristoteles verwiesen, in denen seine Disputationen mit den Indern niedergeschrieben seien.[105] Sollte sich Ps.-Ammonios an dieser Stelle auf den Dialog zwischen Aristoteles und Yūhīn beziehen, so müsste dieser älter sein als die Mitte des 9. Jh. verfasste Ammonios-Doxographie.[106] Zugleich wäre es jedoch auch denkbar, dass sich der Verfasser des Dialogs diesen Hinweis aus der Ammonios-Doxographie lediglich zum Anlass genommen hat, nachträglich einen fiktiven Dialog zwischen Aristoteles und einem Inder zu entwerfen. Eine gegenseitige Abhängigkeit beider Texte liegt auf jeden Fall nahe, da die Gestaltung der Figur Yūhīns auffallende Parallelen zu jener der wissbegierigen, neuplatonisch orientierten Inder bei Ps.-Ammonios aufweist.[107]

---

102 Vgl. Anm. 22. Die *Theologie des Aristoteles* als eine der Hauptquellen für neuplatonische Ideen im Arabischen wird in der Regel auf das Jahr 840 datiert (s. DIETERICI 1883, V).

103 S. RUDOLPH 1995, 135f.

104 Vgl. RUDOLPH 1989, 209f.; PLESSNER 1975, 4; 91.

105 S. RUDOLPH 1989, 60: [XVI. 53] وما ناظرهم عليه أرسطوطاليس موضوع في كتبه ولكن يكثر علينا ذكره „Worüber Aristoteles mit ihnen disputierte, ist in seinen Büchern niedergeschrieben. Es auszuführen wird uns jedoch zuviel." (Übersetzung: RUDOLPH 1989, 97). RUDOLPH (1989, 173f; 183) bemerkt hierzu, dass Diskussionen zwischen Aristoteles und den Indern weder aus dem Alexanderroman noch aus anderen antiken Quellen bekannt sind, und vermutet, dass dieser Hinweis des Ps.-Ammonios möglicherweise von dem pseudepigraphen Brief Alexanders an Aristoteles über Indien inspiriert worden ist.

106 Vgl. RUDOLPH 1989, 209f.

107 Vgl. z.B. RUDOLPH 1989, 60: [XVI. 51] فلما رأوا [...] ما كتب به أرسطاطاليس إليهم ازدادوا فيما عندهم من الحكمة رغبة فيها وحرصا عليها – „Nachdem sie nun gesehen hatten, [...] was Aristoteles ihnen schrieb, vertiefte sich die Weisheit, die sie be-

Auch angesichts der strukturellen und inhaltlichen Gemeinsamkeiten der von PLESSNER auf die Zeit um 900 datierten *Turba* mit dem Dialog stellt sich die Frage, ob es diese war, die als Quelle für den Dialog gedient hat oder umgekehrt. PLESSNER würde sich für die erste Möglichkeit aussprechen, da die hellenistische Alchemie seiner Auffassung nach erstmals in der *Turba* als islamische Wissenschaft präsentiert worden sei. Andere alchemistische Texte mit islamischen Merkmalen seien demnach als jünger zu betrachten,[108] so dass der Dialog zwischen Aristoteles und Yūhīn demnach erst im 10. Jh. und damit mehr als ein halbes Jahrhundert nach den arabischen Neoplatonica, dem *K. Sirr al-ḫalīqa* und der Ammonios-Doxographie verfasst worden wäre.

Es bleibt zu hoffen, dass in Zukunft weitere Abschriften oder Fragmente des Dialogs aufgefunden werden mögen, die in Kollation mit dem Text der Leidener Handschrift zum Verständnis bislang unklarer Textstellen und gegebenenfalls zur Erschließung neuer inhaltlicher Aspekte dieses thematisch vielschichtigen alchemistischen Pseudepigraphen beitragen können.

---

saßen, noch mehr, weil sie sie so stark begehrten und verlangten." (Übersetzung: RUDOLPH 1989, 97).

108 Vgl. PLESSNER 4; 91; 130f; 133. SEZGIN (1971, 64) hingegen geht von einer griechischen Vorlage der *Turba* aus, die aus der Zeit vor Zosimos stammen soll.

B

Der Dialog zwischen Qaydarūs, Mīṭāwus und Marqūnus

1 Edition und Übersetzung

1.1 Die Handschriften

1.1.1 Ms. Dublin, Chester Beatty 4501 / 3 [أ][1]

Zwei Sammelhss. (A: fol. 1–74; B: fol. 75–105) mit sieben alchemistischen Traktaten und Exzerpten in europäischem Einband, von SEZGIN auf das 12. Jh. d. H. datiert.[2] Fol. 97a–100a: Anfang der *Risālat Qaydarūs*. Randeintragung von anderer Hand zu Beginn des Textes: رسالة شرح المسائل لقيدروس Papiermaß: 19,5 x 15,7 cm. Schriftspiegel: 15,6 x 10 cm. 19 Zeilen. Schriftduktus: Maġribī, unvokalisiert. Kustoden. Illustrationen auf fol. 98b und 99a.[3]

---

1 ULLMANN 1974 I, 102–118.

2 SEZGIN 1971, 70. ULLMANN macht keine Angaben zur Datierung (vgl. ULLMANN 1974 I, 102–118).

3 Die Illustrationen dieser Hs. (vgl. Titelabb.) sind insofern bemerkenswert, als BERTHELOT angibt, dass Abbildungen in arabischen alchemistischen Hss. insgesamt sehr selten sind. Die einzigen ihm bekannten Bilder seien jene aus Krates' *K. aš-Šams wa-l-qamar* (vgl. ULLMANN 1972, 170; im Folgenden als ‚Kratesbuch' bezeichnet), wo u.a. vier alchemistische Geräte dargestellt werden (BERTHELOT 1967 III, 47–50; weitere Illustrationen finden sich in Zosimos' *Muṣḥaf aṣ-ṣuwar*, vgl. ABT 2007, passim). Die Zeichnungen auf fol. 98b und 99a sollen offenbar fünf alchemistische Apparaturen darstellen. Bei der linken Abbildung auf fol. 99a handelt es sich um ein auch im Kratesbuch abgebildetes Gerät, das BERTHELOT als *fiole de digestion* identifiziert hat, die auf einem Sand- oder Aschebad erhitzt wird und zur Bearbeitung von Quecksilber und anderen Flüssigkeiten dient. Dasselbe Gerät ist auch in einer syrischen Hs. abgebildet (BERTHELOT 1967 II, 111f; vgl. auch 1967 I, 161; 163). Das rechte Bild auf fol. 99a könnte einen Destillationsapparat darstellen, von dem das Destillat durch ein Rohr abgeleitet wird. Eine ähnliche Abbildung findet sich auch bei einem griechischen Text des Alchemisten Stephanos im Codex Marcianus, sie zeigt nach BERTHELOT (1987/88 I, 141f) eine *chaudière distillatoire*, in der Flüssigkeiten destilliert werden und anschließend in eine Schale fallen, die auf einem Ofen oder Sandbad steht. Nach den im Dialogtext hergestellten Bezügen zu den Abbildungen müsste auf fol. 98b ein Destillationsgefäß (vgl. § 57) und auf fol. 99a entweder der „Irdene Ort" oder das „Sieb der Weisen" abgebildet sein (vgl. § 82).

1.1.2 Ms. Dublin, Chester Beatty 4496 / 3 [ب][4]

Sammelhs. mit elf alchemistischen Abhandlungen auf 99 Folia. Fol. 31b–37b: *Risālat al-ḥakīm Qaydarūs*. Die betreffenden Folia gehören zum älteren Teil der Hs. aus dem 13. Jh. d. H. Pappeinband. Englisches Papier, 23 x 17,5 cm. Schriftspiegel 17 x 11 cm. 21 Zeilen. Tintenfarbe: schwarz, Überschriften in rot und blau. Schriftduktus: Maġribī, unvokalisiert.[5] Kustoden. Korrigierende Randeintragungen auf fol. 32b, 34b und 35b.

1.2 Die Nebenüberlieferung

1.2.1 Ibn Umayl, Muḥammad at-Tamīmī: *K. al-Māʾ al-waraqī wa-l-arḍ an-naǧmīya*[6]

Das *K. al-Māʾ* enthält zwei von Ibn Umayl kommentierte Dialogfragmente, die beide nicht im Text der Hss. vorkommen. Es handelt sich möglicherweise um Textabschnitte aus dem Gespräch zwischen Marqūnus und Mīṯāwus (§ 137–273), die in der Hs. ب ausgelassen wurden.

a) S. 53, Z. 17–20:

وقال ميثاوس لمرقونس خذ من طلق الحكماء الذي تعرفه من الوزن وكتم
الوزن منه الذي قال فيه غيره جزءا وتجعله فيه ثلاثة أجزاء من الماء
المقسوم ثم قال واجعل فيه من الخمير الذي عرفتك جزءا واحدا أراد
الرماد الذي هو السمّ فجعله مثل وزن الجسد.

„Mīṯāwus sprach zu Marqūnus: ‚Nimm vom Talk der Weisen, den du kennst, von dem Gewicht …' – Er verbarg sein Gewicht, das ein Anderer als einen Teil bezeichnet hatte – ‚und du fügst ihm drei Teile von dem geteilten Wasser hinzu.'

---

4 Ullmann 1974 I, 80–101. Sezgin (1971, 70) datiert die Hs. ebenfalls ins 13. Jh. d. H.

5 Die Tatsache, dass beide Hss. im Maġribī-Duktus abgefasst sind, deutet zusammen mit den Angaben zur Datierung auf die Rezeption des Dialogs im nordwestlichen Afrika des 17.–19. Jh. hin. Dass die Schriften der arabischen Alchemie dort zu jener Zeit verstärkt abgeschrieben und rezipiert worden sind, zeigt das Beispiel des marokkanischen Sultans Mawlāy al-Ḥasan (gest. 1894), der selbst ein eigenes alchemistisches Labor unterhalten haben soll und in Fez die Abschrift von rund 2000 alchemistischen Hss. in Auftrag gegeben hat (Vereno 1992, 22, Anm. 64).

6 Ed. Stapleton et al. 1933. Der Text stammt aus dem 10. Jh. (vgl. Ullmann 1972, 217f) und wird hier im Folgenden als *K. al-Māʾ* bezeichnet.

Dann sprach er: ‚Gib ihm von der Hefe, die ich dich kennen gelehrt habe, einen Teil hinzu.‘ Er meinte die Asche, die das Gift ist. Dann macht er sie dem Gewicht des Körpers gleich.“

b) S. 61, Z. 23–25:

قال فيه ميثاوس رأس القاطرين لمرقونس الملك إن المثقال منه يملأ ما بين الخافقين وكان هذا بعد أن قال الملك فتكون زيادته على الأبد فقال ميثاوس نعم.

„Darüber sagte Mīṯāwus, der Oberste der Schauenden, zum König Marqūnus: ‚Das Gewicht von ihm füllt das aus, was zwischen Ost und West (*al-ḫāfiqān*) ist.‘ Dies war, nachdem der König ihm gesagt hatte: ‚Seine Zunahme wird ewig fortdauern‘, woraufhin Mīṯāwus ihm zugestimmt hatte.“

1.2.2 as-Sīmāwī, Muḥammad b. Aḥmad al-ʿIrāqī: *K. al-ʿilm al-muktasab fī zirāʿat aḏ-ḏahab*[7]

a) S. 45, Z. 12–16: entspricht 1.2.1 a[8]
b) S. 49, Z. 2–7: § 199-205

1.2.3 al-Ǧildakī, Aydamir b. ʿAlī: *K. as-Sirr al-maṣūn*[9]

fol. 173a: § 84–88; § 96; § 99

7 Ed. Holmyard 1923, verfasst Mitte des 13. Jh. (Ullmann 1972, 235).

8 Das erste seiner beiden Zitate des Dialogs hat as-Sīmāwī von Ibn Umayl übernommen. Das Zitat 1.2.2 b findet sich zwar nicht in Stapletons Edition des *K. al-Māʾ*, eine Übernahme aus einer anderen Rezension des *K. al-Māʾ* oder aus einem anderen Werk Ibn Umayls ist jedoch auch hier nicht unwahrscheinlich, da genau dieselben Namensformen verwendet werden, wie im *K. al-Māʾ* und dem daraus übernommenen Zitat 1.2.1 a (*Tiyūdurus, Marqūnus, Mīṯāwus*).

9 Ms. Chester Beatty 3231, fol. 170–178 in margine, es handelt sich um einen Kommentar zur *R. Biyūn al-Barhamī.* Die Hs. ist auf das Jahr 907 d. H. datiert (zur Hs. s. Ullmann 1974 I, 4–34). Da al-Ǧildakī im Jahr 743/1342 starb (Ullmann 1972, 238), hat er den Text vermutlich in der ersten Hälfte des 14. Jh. verfasst.

1.2.4 al-Ḥalabī, Abū l-Ḥasan: *K. aš-Šawāhid fī l-ḥağar al-wāḥid*[10]

fol. 125b–126a:
§ 5/6. § 23–25; 27–30; 32; 34; 38–44; 46–48; 51/52; 54–58. § 166–184; 187–192. § 220–223; 225–233; 238

1.3 Editionsprinzipien

Der Text der *Risāla* bricht in Hs. أ bereits nach dem ersten Drittel des Dialogs ab, so dass die beiden Hss. nur für § 1–113 kollationiert werden konnten, während sich der Text von § 114–325 allein an der Hs. ب orientiert. Es kann davon ausgegangen werden, dass dort unter Umständen Textteile fehlen, da die Hs. ب an vielen Stellen als Paraphrase erscheint, die einzelne Dialogelemente zu größeren Redeanteilen zusammenfasst. Hierbei werden zwar in den meisten Fällen die wesentlichen Informationen wiedergegeben, jedoch mit Verzicht auf die ausführliche dialogische Ausgestaltung. Die Hs. ب hängt offenbar nicht direkt von أ als Vorlage ab, da sie auch einzelne Informationen enthält, die nicht in أ vorhanden sind. Möglicherweise gehören beide Hss. auch unterschiedlichen Überlieferungszweigen an.

Im edierten Dialogtext wurden die in Hs. ب fehlenden Textteile aus der Hs. أ und der Nebenüberlieferung (§ 200f) ergänzt. Bei sonstigen Abweichungen der beiden Hss. im ersten Drittel des Dialogs sind Varianten der Hs. أ in den Haupttext aufgenommen worden, sofern diese als kontextuell sinnvoller oder sprachlich schwieriger (*lectio difficilior*) erschienen. Alle unterschiedlichen Lesarten der Hss. und der Nebenüberlieferung werden grundsätzlich im Apparat angeführt.[11]

Der Text wurde durch Interpunktionszeichen gegliedert und in Bezug auf die Hamzaschreibung an die moderne arabische Orthographie angepasst.

---

10 Ms. British Museum 1371 / Add. 23418, fol. 125a–126a. Al-Ḥalabī zitiert den Alchemisten Ibn Arfaʿ Raʾs (gest. 1197, ULLMANN 1972, 232; 269), so dass der Text frühestens Ende des 12. Jh. verfasst worden sein kann.

11 Für Eigennamen und Stoffbezeichnungen, die in beiden Hss. jeweils eine gleichbleibende unterschiedliche Schreibweise aufweisen, werden die Varianten im Apparat nur bei ihrer ersten Erwähnung vermerkt.

1.4 Siglenverzeichnis

أ	Ms. Chester Beatty 4501
(أ)	Ms. Chester Beatty 4501: Randeintragungen
ب	Ms. Chester Beatty 4496
(ب)	Ms. Chester Beatty 4496: Randeintragungen
ج	al-Ǧildakī
ح	al-Ḥalabī
س	as-Sīmāwī
+ +	Korruptele
[ ]	Konjekturale Ergänzung
(…)	Lacuna oder unlesbare Textstelle
+	Hinzufügung
–	Auslassung

يتزوّج بنفسه ويلقّح بروحه ليتمّ أمره. [٣١٦] فيدخل عليه من نفسه الخالـــدة وصـــبغه المزهر بمقدار ما يكفيه، [٣١٧] ويسحق بالرفق والملاطفة ويودع بطن الفرس ربع الهلال +حق لين+ لا يجزيه غير ذلك، ومقدار ما يدخل عليه من نفسه ثلـــث وزنـــه. [٣١٨] ورأى قوم آخرون من الحكمـــاء أن يدخل عليه بأقلّ من ذلك إلا أنه يسير. [٣١٩] ثم يخرج وينبغي أن يسحق بمثل ما أدخل عليه من نفسه، ويعاد إلى موضعه الأول فيحبـــس فيه مقدار المرّة الأولى، [٣٢٠] ويتعاهد باللطافة والرفق (... ...) من إنـــائه [٣٢١] وقد جفّ ماؤه ونشفت رطوبته مشقّق الأعلى. [٣٢٢] ولونه في هذه الدرجة أشـــهب غير أن سلطان السواد غالب على أكثره. [٣٢٣] ثم يسحق أيضـــا بجزء واحد من دهنه ومقدار هذا الجزء مقدار الذي قبله، [٣٢٤] ويردّ إلى بطن الفرس باللطافة والرفق ولين الحرارة، ومقدار مقامه مثل المدّة الأولى. [٣٢٥] ثم يخرج من حبسه بالرفق وقد كمـــل أمره.

انتهت رسالة قيدروس بحمد اللّه تعالى وحسن عونه. وصلّى اللّه على سيّدنا ومولانا محمّد وعلى آله وصحبه وسلّم تسليمًا (... ...).

---

(٨) دهنه : ذهنه، ب | (٩) والرفق : والحرق؟ ، ب

قال: [٢٩٨] وقد بلغني ذلك وأحببت أن تخبرني عنها بالصحيح.

قال: [٢٩٩] واللّه ما كنّت الحكماء بنار الأثال إلا هذه النار التي وصفتها للملك. [٣٠٠] ولولا هذه النار ما صعد هذا الجسد ولا +تروحت+. [٣٠١] أفلا يرى الملك أن تدبير الحكماء شبيه بتدبير الطبيعة وأنهم يرخّمون الأجساد ويثبّتون الأرواح على النار ويجعلونها بخلاف ما كانت عليه؟ [٣٠٢] ومن أجل ذلك حللوا الأجساد وجسّدوا الأرواح. [٣٠٣] ولولا هذا الذي أخبرتك به ما تمّ شيء من تدبير هذه الصناعة أبدًا. ب ٣٧و

قال: [٣٠٤] فإذا صعد إلى قوس الأثال فما يصنع به؟

قال: [٣٠٥] عند هذا أخرج الرماد من الرماد الطالع، [٣٠٦] لونه أبيض ناصع كبرادة الفضة المحرق ولون الرماد الأسفل أشقر كبرادة النحاس الأحمر.

قال: [٣٠٧] فما يصنع به يا قيدروس، هل يدخل في العمل أم لا؟

قال: [٣٠٨] بل يطرح ولا حاجة إليهم به لأن لطيفة الصابغ الذي هو روحه قد خرج عنه. [٣٠٩] وهذا سمّته الحكماء بأسماء كثيرة وها أنا أذكر لك بعضها: [٣١٠] سمّوه الكبريتية البيضاء والخشقلا (... ...) وزحل العالي على الأفلاك وعاطر الحكمة وإكليل الغلبة وضابط الأصباغ والتربة وروح النحاس المحرق وكلس (... ...) والريح الملبس نارًا والأشقورية البيضاء والأثالة اليابسة وأسماء كثيرة لم تخص، [٣١١] +ومعاهم+ لذلك إرادتهم الالتباس على الجهلة لئلا يهتدوا لما وضعوه من سرّ هذا الحجر الكريم، [٣١٢] واجتهدوا ألا يدركه إلا ذو لبّ وفهم شديد. [٣١٣] وكل ما سمّوه به من هذه الأسماء فقد أومؤوا إليه ودلّوا ذوي العقول عليه.
[٣١٤] وإذا بلغ إلى هذه الدرجة فقد تمّ تدبير نصفه [٣١٥] وبعد ذلك ينبغي له أن

---

(٣) صعد : صعدت، ب | (١٦) يهتدوا : يهتدون، ب | (١٨) ذوي : ذوو، ب

قال: [٢٨٣] مقدار نصف تسعهم. فإنها تخرج عتيقة حمراء في لون الدم.

قال: [٢٨٤] والدهن الذي فصل من النفس، أيدخل القصارة عليه ليكون حبّة بيضاء نقية؟

قال: [٢٨٥] بعد تمام الحكمة وبعد تمام هذه الدرجة يدخل عليه، أعني على الجسم الأسود مع السمّ الناري الذي ذكرته لك. [٢٨٦] ومقدار ما يدخل عليه منه وزن السمّ الناري وقيل نصف الثمن، وأي الوزنين دخل عليه لم يضرّه وكان جيداً موافقاً للعمل. [٢٨٧] ثم يغمر بماء الورد الأبيض ويدخل إلى بطن الفرس [٢٨٨] ويعفن يومًا ويعرك غدًا ويسحق في اليوم الثالث ويردّ إلى حمامه ومكثه ربع الهلال. [٢٨٩] ثم يخرج ويصبّ عنه الماء بما فيه من السواد والأوساخ ويجمع حينئذ وتحتفظ به. [٢٩٠] وليس للماء وزن ولكن يكون منه على الجسم مقدار ما يغمر بثلاثة أصابع، وعدّة ما يفعل به ذلك ستّ مرّات وأكثره ثمان مرّات. [٢٩١] فإنه يكون أبيض كالثلج عريًا من القذى +والشمة+. [٢٩٢] ثم إذا صار في هذه الدرجة يدخل الأُثال ويركّب على نار القصارة.

قال: [٢٩٣] وما نار القصارة؟

قال: [٢٩٤] نار شديدة يابسة يزيدها الحكماء في كل يوم درجة على هذا الأثال.

قال: [٢٩٥] وكم يكون مقامه في هذه النار؟

قال: [٢٩٦] ربع الهلال. [٢٩٧] وقد ظنّ أيّها الملك قوم من الجهّال أن الفلاسفة أرادت غير هذه النار وكنّت عنها بهذه.

---

(١٤) الاثال : المثال، ب | (١٥) مقامه : مقامها، ب

قال الملك: [٢٧٠] وهل يبقى من أسراركم ما تكشفون لي؟

قال: [٢٧١] نعم، إذا أدخل الماء الناري على الجسد فليوزن، ويوزن الجسم أيضا بعد التفصيل. [٢٧٢] وما نقص منهما زد مكانه من الماء الناري لأن المركّب ينشف والمياه فيه فتنقص، فيزاد فيه بمقدار ما نقص منه، [٢٧٣] وهو من أسرارهم.

ثم قال الملك: [٢٧٤] يا قيدروس، إذا فرغ تدبير النفس ما يصنع بالجسم؟

قال: [٢٧٥] يغسل بماء روحه المركّب من جسمه الأبيض الذي يسمّيه الفلاسفة الأوّلون نار الطبيعة ويسمّونه ماء الورد الأبيض، وهو الذي لا يخالطه غير السمّ الناري. [٢٧٦] وتدخل به على الجسم الميّت الأسود الذي نزعت منه نفسه [٢٧٧] وذهبت عنه بالتصعيد حتى صارت نقية خالدة بيضاء بعد حمورتها.

ب ٣٦ظ قال له الملك: [٢٧٨] أذَهَبَ صبغها أم كيف ذلك، يا قيدروس؟

قال: [٢٧٩] لو ذهب الصبغ منها لذهب كلها [٢٨٠] ولكنّها لما انحلّت وتنظّفت من درنها اختفى الصبغ فيها، فصارت بيضاء في النظر حمراء في المخبر.

قال: [٢٨١] وكيف لي أن أعمل ذلك حتى لا أشكّ فيه؟

قال: [٢٨٢] أدخل عليها بالسمّ الناري.

[قال: ...؟]

---

(١) يبقى : يقى، ب | (٢) الناري : النار، ب | (٦) يسمّيه : يسمونه، ب | (٧) ماء الورد : ماء ورد، ب | (١١) تنظفت : تنضفت، ب

قال له الملك: [٢٥٦] قل فيه ما تراه.

قال: [٢٥٧] هو الرخيص الغالي الموجود في الأكوام والمزابل، يلعب به النساء والصبيان ويدرس بالأرجل، [٢٥٨] ولا يستقيم العمل إلا به، وهو سرّ الأسرار ومنه يكون الصلاح. [٢٥٩] وإن لم يدخله الملك في المركّب لم يكن فيه نفع أبدًا. [٢٦٠] وهو السبع الضارّي والنوشادر الثالث وملح البيوت الظاهر، وهو الكلب الضارّي وهو مصور في برميل على صورة سبع أحمر وفي فخذه صورة طير أبيض.

قال: [٢٦١] أخبرني عن الموضع الذي خلا به قيدروس ولم يذكره لي [٢٦٢] [...] على الجسد من النفس والروح، أي درجة هو من التدبير؟

قال: [٢٦٣] هو في موضع ذكره، [٢٦٤] أخذ الخميرة وذلك انه إذا دخّل الخمير على الجسد من النفس والروح وهما النيّران المطهّران بعد نخلهما ليعقدهما تدخل عليه من هذا الحجر ما يصلحهما.

قال الملك: [٢٦٥] وكم يكون مقداره يا ميتاوس؟

قال: [٢٦٦] مقداره نصف الحجر أو ثلثه أو ربعه. [٢٦٧] وهذا تمام السرّ ونهاية الأمر.

قال: [٢٦٨] ألآن فهمت وجزاك اللّه عني خيرًا.

ثم ان ميتاوس قال: [٢٦٩] صدق قيدروس في كل ما نطق به.

---

(٢) الاكوام : الاكام، ب | (١٠) النيران المطهران : النيرين المطهرين، ب

قال: [٢٣٨] أحسنت يا ميتاوس القياس وأذهبت عني شكّا كنت فيه. [٢٣٩] وأنا أحبّ أن تشرح لي من أمر هذا الجسد المتعلّق بنفسه وروحه ويعزل، ما يصنع به بعد ذلك؟

قال: [٢٤٠] يدخل عليه جزء واحد من نفسه وروحه ويعزل لينحلّ ومدّة انحلاله نصف يوم. [٢٤١] ثم يعقد ومقدار ناره في العقد تكون زائدة على النار الرابعة بمقدار النصف، [٢٤٢] ثم يوقد عليه ثلاثة أيام وتزاد عليه النار في كل ثلاث ساعات تمضي منها نصف النار التي قبلها، [٢٤٣] ثم يخرج من إنائه ويودع في إناء من ذهب أو جوهر أخضر. [٢٤٤] وقد تمّ حينئذٍ ولم يبق إلا أن يخلط بغيره [٢٤٥] وهو صبغ الحقّ الباقي المزهر الخالد الذي لا يرهب من النار ولا يخاف التلاشي والفساد، ولا يزيد على توالي الأيام إلا جودةً ونفاذًا وصبغةً.

ثم قال الملك: [٢٤٦] يا ميتاوس، أقسمت عليك بنور العلة الأولى المحيطة بكل شيء. [٢٤٧] أهذا السرّ العظيم الذي جعل اللّه عزّ وجلّ عليه خدمًا وحفظةً ليوصلوه إلى من كان مستحقّاً له من خلقه ويمنع من ليس من أهله، [٢٤٨] فهلك أكثر الناس أسفًا عليه وحزنًا على فوته؟ [٢٤٩] وقد منع الحسد قيدروس من إعلامي به وبقاؤه عليه شُحًّا به وصونًا عليه.

قال: [٢٥٠] أقسمت لك بما أقسم به الملك السعيد وما بخلت به عنه، [٢٥١] وكان عزّ
من أن أخبر الملك به سرًّا في خلوة. [٢٥٢] وأسأله أن لا يذكره مع هذه المذاكرة كي لا ب
يستهين أمره. [٢٥٣] فما أراد الملك الجدّ السعيد إلاّ ذكره في هذا المصحف ليتمّ السرّ ٣٦و
فيه لمن أحسن فيه النظر. [٢٥٤] وما ذلك إلا رفقًا منه بالإنس بعده، [٢٥٥] فإنّي أذكره ولا أستره.

---

(١) القياس، ح : - ، ب | وأذهبت ... شكا، ح : وذهب عني شك، ب | (٦) ثلاث : ثلاثة، ب | (١٤) بقاؤه : بقايه، ب | (١٨) فما : فلما، ب

واخرجوا منه روحه ونفسه وطهّروهما وعزلوهما. [٢٢٦] ثم عمدوا إلى الجسم فغسلوه وطهّروه من أدرانه ووسخه، ثم بيّضوه وقصروه ليكون مهيّئًا لقبول صبغه الذي هو نفسه وروحه. [٢٢٧] فلمّا جمعوهما تعلّق بجسده وتعلّق به الجسد وفرح كل واحد منهما بلقاء صاحبه والتزم معه لزوماً خالداً لا فساد فيه، ولا يفارق أحدهما صاحبه أبدًا. [٢٢٨] فهذا ما سأل عنه الملك.

قال الملك: [٢٢٩] يا ميتاوس أما قباسك لهما بصبغ الصبّاغين، [٢٣٠] فإني لما فكّرت فيه وجدت الهواء يأخذ ما في الثوب المصبوغ من رطوبة الماء، فلذلك شككت.

ب ٣٥ظ

قال الحكيم: [٢٣١] قد أحسن الملك وأجاد الفكر و تلطّف في السؤال.[٢٣٢] وليعلم الملك أن الصبغ لم يقم في الثوب إلا ومعه شيء من جوهر الماء يمسكه ولا يفارقه أبدًا حتي يبلى الثوب، [٢٣٣] ولولا ذلك الجوهر اللطيف المعقود لم يكن خلود الصبغ فيه.

قال الملك: [٢٣٤] أخبرني عن ذلك ببرهان توضحه لي.

قال: [٢٣٥] نعم. البرهان على ذلك [أن] التراب يحمّر بالماء ويحمّى. [٢٣٦] فيخرج ويكون طينًا ويعمل منه إناء ويجفف، ثم يشوى ويخرج من النار فيحمل الماء ويحفظ بما يوعى فيه. [٢٣٧] ولولا ما سكن فيه من لطيف الماء لم يحمل الماء أبدًا و لم يستقرّ فيه ما ذكرت.

---

(٢) ووسخه، ب : وأوساخه، ح | نفسه، ح : تفله، ب | (٣) جمعوهما : جمعوهم، ب | جمعوهم ... الجسد، ب : جُمعا علق بهما وعلقا به، ح | منهما : منها، ب | بلقاء، ح : – ، ب | (٤) لزوما، ب : التزاما، ح | أحدهما، ح : واحد منهما، ب | (٦) الملك ... ميتاوس، ح : – ، ب | أما، ح : إنما خبرني، ب | فإني ... فكرت، ح : فلما تفكرت، ب | (٧) ما في، ح : من، ب | من، ح : – ، ب | (٨) الفكر، ح : الفكرة، ب | وتلطف ... سؤال، ح : – ، ب | (٩/١٠) إلا ... الثوب، ح : – ، ب | (١٠) المعقود، ح : المعقول، ب

قال: [٢٠٨] وهذه النار تكون مثل النار الأولى؟

قال: [٢٠٩] لا، ولكنّها تكون أشدّ منها قليلاً.

قال: [٢١٠] وكم مقدار ما تكون الوقودة فيها؟

قال: [٢١١] مقدار ربع النار الأولى. [٢١٢] ثم إذا انعقد يدخل عليه جزء آخر من نفسه وروحه ويعزل لينحلّ، ومدّة انحلاله أيضاً عشر ساعات، [٢١٣] ثم يعقد أيضًا بنار ثالثة.

قال: [٢١٤] وما في هذه الزيادة من +التندكر+؟

قال: [٢١٥] بعقده الزيادة يتعلّم المركّب قتال النار ويوقد عليها قليلاً قليلاً. [٢١٦] فإذا بلغ إلى هذه الدرجة يدخل عليه بجزء آخر من نفسه وروحه ثلاث ساعات، [٢١٧] ثم يعقد ومقدار ناره ينبغي أن يكون زيادة على النار الثالثة بمقدار الثلث.

قال الملك: [٢١٨] والنار في جسدها أو تزال عنه؟ [٢١٩] فإني في أمرها في شكّ ولم يتخلّص لي من عملها شيء أعتمد عليه.

قال: [٢٢٠] بل تنعقد أيّها الملك مع النفس في جسدها الشائق إليها المتعطش للقائها. [٢٢١] ولولا ذلك لم تنبسط النفس في أعماق جسدها وما صبغتها أبدًا. [٢٢٢] ولولا خلود الروح وثبوتها في الجسد لم يكن له عمل عند الإلقاء، وإلا كان بمنزلة الميت الذي لا روح فيه ولا خير. [٢٢٣] وهو الذي سأل عنه الملك السعيد الجدّ، [٢٢٤] ولعلّه هو الفرق بين الحكماء والجهّال [٢٢٥] لأن الحكماء عمدوا إلى هذا الحجر ففصّلوه

---

(٦) ثالثة : ثابتة، ب | (١٠) يكون : تكون، ب | (١٣) تنعقد : ينعقد، ب | (١٤) وما : ولا، ب | (١٥) خلود، ب : دخول، ح | وثبوتها، ب : وانعقادها، ح

في قولي فلينظر إلى الصبّاغين كيف يستخرجون أصباغ الأعشاب في الماء، ثم يدخلونها على الثياب ويعلقونها في الهواء. [١٩٨] فيجفّ الماء ويبقى الصبغ في الثوب على قدر لونه فيه وجودته في صنعته.

قال: [١٩٩] قد فهمت. فاخبرني ما يكون من أمر هذا الجسد بعد عقده بروحه ونفسه.

قال: [٢٠٠] تدخل عليه جزءًا واحدًا من نفسه وروحه.

قال: [٢٠١] بسحق أو بغير سحق؟

ب ٣٥و قال: [٢٠٢] لقد سأل الملك على ما يشقّ على الحكماء كشفه ولكن لا أجد بدًّا من إجابتي لك. [٢٠٣] اعلم أنه يسحق بغير سحق ويصبّ عليه هذا الماء المصبوغ ويعزل فإنه ينحلّ.

قال: [٢٠٤] وكم تكون مدّة انحلاله؟

قال: [٢٠٥] ينحلّ في مدّة يوم كامل.

قال: [٢٠٦] فإذا انحلّ، ما يصنع به؟

قال: [٢٠٧] يعقد بالنار.

---

(٤) فاخبرني، ب : فافهمني، س | من امر، ب : – ، س | عقده بروحه، (ب) : عقده لروحه، س | (٥/٦) قال ... سحق، س : – ، ب | (٧/٨) قال ... يسحق، ب : قال بعد كلام كثير، س | (٨/٩) ويعزل فانه ينحل، ب: ويعزل لينحل، س | (١١) ينحل ... كامل، ب : مدة يوم واحد، س

وبرهاهٔنّ وما يصلحن في التدبير وخاصية كل نار منهنّ وفعلها.

قال: [١٨٥] فليصعد الملك إليّ.

قال: [١٨٦] قل واكشف لي بغير حسد.

قال: [١٨٧] أوّلهنّ هي النار التي دعتها الحكماء الكبريتية البيضاء وتسمى نار القشر وملح البحر وصابون الحكماء والقلي الذي لا يخرّ صبغ العصفر إلا به وأسماء كثيرة. [١٨٨] وهي التي أعلمت بها الملك أنها تعمل العمل كله ولولاها ما تمّ لهم عمل. [١٨٩] ولها أعمال متضادّة، منها أنها تعقد المياه وتحلل الأجساد الصعاب وتقصر الأدهان الهوائية وتزيل عنها غلظها الذي يتعلق بالنار، [١٩٠] وتجعلها خالدة غير فزوعة من النار ولا هيوبة لها لأن النار فيها مودعة مردية.

[١٩١] وأمّا النار الثانية فبها يكون غسل الجسد ونقاؤه وقصارته بعد ذلك وييسه لأنها إن لم تسكن فيه لم يتعلق به صبغه الذي هو نفسه. [١٩٢] وأما النار الثالثة فهي نار الطبيعة وهي نفس الجسد وصبغه، وإن لم تعد إلى هذا الجسد بعد قصارته وغسله وتعطيشه وتكون مبسوطة الأجزاء لم يقبلها أبداً، [١٩٣] ولا تنبسط أجزاؤه إلا بالروح البارد الرطب الذي يرطبها. [١٩٤] ثم تنبسط أجزاؤه بلطافة ويحمله في جوفه فيكون لها كالأب حتى يبسطها في جسدها.

قال: [١٩٥] وما في الروح من نفع؟

قال: [١٩٦] لولا هو لم يتمّ عمل لأنه يحمل الصبغ في أعماقه. [١٩٧] وإن شكّ الملك

|(١) برهاهٔنّ، ح : ترتيبهنّ، ب | يصلحن ... تدبير، ح : - ، ب | وخاصية، ح : حاجة، ب | (٤) وتسمى ... القشر، ح : وهي ، ب | (٥) الحكماء، ح : الحكمة، ب | والقلي : + والقلي، ب | (٦) تعمل، ح : - ب |ولولاها ... عمل، ح : ومفتاحه، ب | (١١) فيه، ح : - ، ب | به ... نفسه، ح : صبغه به، ب | (١١/١٢) وأما ... وصبغه، ح : - ، ب

قال: [١٧١] وما الذي يصبغ هذا الحجر إذا خرج من معدنه؟

قال: [١٧٢] يصبغ الفضة لما فيه من مضادّة الطبيعة المحرقة للطبائع الصابغة التي جعلها اللّه سبحانه فيه.

قال: [١٧٣] وما فيه من هذه الطبائع المحرقة التي تضادّ الطبائع الصابغة وتفسدها؟

قال: [١٧٤] فليعلم الملك أن في هذا الحجر ثلاث نيران [١٧٥] إحداهنّ رطبة دهنية تتعلق بالنار من أحد طرفيها والأخرى لا تخرج إلا في الماء المرطب لها.

قال: [١٧٦] ولما احتاج إليها إلى ما يرطبها؟

قال: [١٧٧] ذلك لشدّة يبسه وهي نار الطبيعة. [١٧٨] والثالثة أشدّهنّ يبسًا وإحراقًا والنار فيها كامنة [١٧٩] وهي التي تجمّد العمل ولولاها ما تمّ لهم عمل أبدًا. [١٨٠] ولما علم الحكماء بذلك احتاجوا إلى تفصيله ونقضه وغسله من الأدران الكثيفة المحيطة بأجزائه المفسدة لصبغه. [١٨١] فلمّا فصّلوه وطهّروه بما علّمهم اللّه تبارك وتعالى من أسراره وصارت طبائعه خالدة [١٨٢] ركّبوه بميزان الحق وجعلوه في النار اللينة لتتألّف أجزاؤه ويدخل بعضها في بعض ولا تنفر روحه ونفسه الصابغة عن جسدهما. [١٨٣] فلمّا فعلوا به ذلك خرج منه ما لا يرهب النار ولا ينفر عنه ولا يفسد بعد ذلك أبدًا. ب ٣٤ظ

قال الملك: [١٨٤] وأنا أسألك يا ميتاوس أن تشرح لي من أمر هذه النيران الثلاث

---

(٤) هذه، ح : – ، ب | (٥) دهنية، ح : زمنا، ب | (٦) والأخرى، ح : – ، ب | (٨) والثالثة، ح : والثانية، ب | (٩) تجمد، ب : تعمل، ح | (١٠) علم : علموا، ب | (١٠/١١) الكثيفة ... بأجزائه، ح : – ، ب | (١٢) من أسراره و، ح : –، ب | (١٣) تنفر، ح : تفرّ، ب | ونفسه، ح : – ، ب | (١٣/١٤) عن جسدهما، ح : من جسده، ب | (١٤) يرهب، ح : يذهب من، ب | ولا ... عنه، ح : –، ب | يفسد، ح : تفسده، ب

قال: [١٥٣] بقية من غليظ الجسد.

قال: [١٥٤] فما يصنع به؟

قال: [١٥٥] يتنقّى عنه ولا يردّ إليه، [١٥٦] وله أسماء عند الحكماء بالعكر والغسالة والوسيخ وما أشبه ذلك. [١٥٧] فهذا جواب ما سأل عنه الملك على الصفة والصدق. [١٥٨] فإذا بلغ إلى هذه الدرجة يوخذ الروح اللطيف الذي تحلّل ويجعل فيه الجزء الذي أدخلوه من الجسم قبل حلّه ويحرّك فيه، [١٥٩] فحينئذ تظهر صفرة الورس ويعطيه ب ٣٤و الخميرة وتجمع أجزاؤه وتشربه وهو في برميل. [١٦٠] ثم بعد هذه الدرجة يجعل في إناء العقد ويدخل إلى النار اللينة وبذلك يتمكّن الدهن من اللصوق بجسمه وينعقد جميعاً. [١٦١] ولو شددنا النار عليه في هذا لنفرت النفس من جسمها ولم يكن فيها نفع أبدًا. [١٦٢] ألا يرى الملك الذين يعملون الأواني؟ [١٦٣] إنما يعجنون تراهم بالماء ويختم فيه ويكون طينًا. [١٦٤] فإذا كان كذلك صنعوا منه ما أرادوا من الأواني ثم يجففونها في الهواء، فإذا جفّت استقام لهم شأنها، [١٦٥] ولو أنهم ادخلوها في النار لتصدّعت وتكسّرت. [١٦٦] فلأجل ذلك احتاج الحكماء إلى إدخاله إلى الآنية التي تخمره ولا تزعجه ولا تنفره، لتسكن روحه ويرجع الصبغ إلى مكانه الذي خرج منه وصعد عنه.

قال: [١٦٧] قد فهمت. وما الذي أحوج الحكماء إلى إخراجه وردّه إلى أماكنه؟

قال: [١٦٨] اعلم أيّها الملك أن هذا الحجر أنفس ما في الدنيا ولا يكون الصبغ الخالد إلا منه أبداً. [١٦٩] ولما عرفته الحكماء عملوه بما ألهَمَهُم اللّه تبارك وتعالى من تدبيره. [١٧٠] ثم علموا أنه لا يصبغ قبل التدبير فلذلك قادتهم الضرورة إلى تدبيره.

---

(١٣) احتاج : احتاجوا، ب | الآنية، ب : النار اللينة، ح | (١٤) لتسكن ... عنه، ح : ويرجع الصبغ إلى مكانه، ب | (١٥) أحوج الحكماء، ح : دعاهم، ب | إلى أماكنه، ح : - ، ب | (١٦) أنفس، ح : هو نفس، ب | الخالد، ح : الخالص، ب | (١٨) قادتهم، ح : دعتهم، ب

قال الملك: [١٣٧] فما تقول يا ميتاوس فيه؟ [١٣٨] وأين كثافة الجسدية منه وقد خرج من جسده كما دخل عليه؟ [١٣٩] فكيف يحتاج إلى نخله؟ ليس فيه من الكثافة ما يدعوه إلى نخله. [١٤٠] واخبرني عن ما سألتك عنه من إيضاح هذا السرّ من غير حسد.

قال: [١٤١] وأنا أسأل الملك بنور العلة الأولى أن يعافيني من شرح هذا الأمر وهتكه. [١٤٢] فقد اجترأتُ على ما لم يجترئه أحد من الحكماء.

قال: [١٤٣] تكلّم، فإن للّه عزّ وجلّ حفظة يوصلونه إلى من كان من أهله مكتومًا عنه ويمنعونه من غير أهله.

فقال: [١٤٤] إن أردت أن نجاوبك عن الجسد والروح، فاعلم أنهما لما أخرجا من موضعهما وابيضّا ذهبَ من السواد عنهما وبقي الروح على جسده. [١٤٥] فوفّقت بينهما الحكماء وأخذوا من الجسد ما ادّخروه لهم، وقد شرح مقداره قيدروس. [١٤٦] فردّوا روحه عليه ودبّروه وردّوه إلى موضعه، [١٤٧] ينقل الجسد من كثافته ويلحق بروحه في اللطافة والصغر، [١٤٨] ويكون الجسد حينئذ هو وروحه ماءً واحدًا.

قال: [١٤٩] فما معنى هذا الجزء الذي به ينضج وبه يدرك ما يؤمل؟

قال: [١٥٠] مقدار مقامه الثاني خمسين يوماً وليلة [١٥١] وحينئذ يجب أن ينخل سبع نخلات وثفله عند كل نخلة لا بدّ منه إلا أنه يسير.

قال: [١٥٢] وما ذلك الثفل؟

---

(٩) ان نجاوبك : ان لا نجاوبك، ب

المولود الذي يرجو الحكماء ظهوره وحصوله في أيديهم.

قال: [١١٩] وفي كم يخرج هذا الصبغ؟

قال: [١٢٠] في سبعة أيام لا يجزيه غير ذلك. [١٢١] ثم يخرج ويترك حتى يبرد ويتجنّب ريحه لأنه سمّ قاتل. [١٢٢] ثم يصب عن الجسم إلى إناء آخر، ثم ينخل في مناخل الحكماء نخلة واحدة وهو مصوّر في برميل، [١٢٣] ثم يعزل بعد ذلك في ليلة، [١٢٤] ثم يوخذ الجسم ويدخل عليه قليل من السمّ الناري ويسحق به ناعماً.

قال: [١٢٥] فهل له وزن؟

قال: [١٢٦] لا ولكن بمقدار ما يحتمل الظفر أو أقلّ قليلاً. [١٢٧] ثم يدخل عليه من ماء الكبريت المسموم مثل الجزء الأوّل ويردّه إلى بطن الفرس ويتمّ مثل المدّة الأولى، [١٢٨] ثم يخرج ويبرد ويفتح ويتجنّب سمّه. [١٢٩] ثم يصبّ إلى إناء آخر وينخل نخلة أخرى ليتميّز عنه أوساخه.

قال: [١٣٠] وما يصنع به؟ ب ٣٣ظ

قال: [١٣١] يخلط بأخيه الأوّل ويعزلان، [١٣٢] ثم يدخل على الجسم بعد ذلك من الملح الأجاج ومن النار البيضاء مثل القدر الأوّل ويسحق ناعمًا، [١٣٣] ويدخل عليه من لعاب الحلزون أو ماء الكبريت مقدار ما أدخل عليه ويردّ إلى الحمّة على وسمه بمقدار المدة الأولى، [١٣٤] ويترك ويفتح ويخرج ويصفى وينخل ويعاد إلى إخوته. [١٣٥] ثم يصعد في قبب الحكماء سبع مرات ويعزل، [١٣٦] وقد ظهر المولود وكملت طهارة النفس وكمل نصف التدبير.

---

(١) يرجو : يرجوا، ب | (٦) الناري : النار، ب | (٨) ولكن : ولاكن، ب | (٩) ماء : الماء، ب | (١٥) الحلزون : الحلزوم، ب | ماء : الماء، ب

قال: [١٠٦] فما بال قيدروس، لمْ يخبرني بما أخبرتني من أمره؟

قال: [١٠٧] أصاب وأحسن وسلك بسيرة الحكماء. [١٠٨] و لم يزل يخبر الملك بمثل هذه الأسرار لئلا تنقل الألسن فتمل لغير مستحقّه.

قال: [١٠٩] يا قيدروس، فما يصنع بهذا الحجر الأسود الذي سمّوه المغنيسياء؟

قال: [١١٠] يسحق بمداك الحكماء سحقًا ناعمًا حتى يكون أنعم من كل شيء، وينخل كما ينخل اللطيف [١١١] ويدخل عليه من ماء الكبريت والشب ما يرويه ويغمره.

قال: [١١٢] وكم يكون مقداره؟

أ انتهى قال: [١١٣] وزنه وثلث وزنه، ومن الحكماء من أدخل عليه أقلّ من ذلك ومقداره جزء وربع الجزء.

قال: [١١٤] وكم يكون فيه من النار؟

قال: [١١٥] تسع الجسم.

قال: [١١٦] وإذا صنع به ذلك ماذا يكون منه؟

قال: [١١٧] يودع بطن الفرس ويراد بذلك خروج نفسه التي هي صبغه [١١٨] وهي

---

(١) قال، أ : ثم قال الملك، ب | (٢) اصاب واحسن، ب : احسن واصاب، أ | (٢-٤) و لم يزل ... قيدروس، أ : - ، ب | (٤) سموه، أ : سميتموه، ب | (٥) يسحق ... الحكماء، أ : يسحقونه، ب | مداك : مدال، أ | (٥/٦) وينخل كما ينخل، ب : وينحل كما ينحل، أ | (٦) اللطيف، ب : الطيب، أ | يرويه، أ : يروى به، ب | (٧/٨) قال ... قال، أ : - ، ب

قال: [٩٤] بلونه، لأنه إذا كان أسود سمّوه بكل سواد بل أسود وإذا كان أبيض سمّوه بكل أبيض وإذا كان أصفر سمّوه بكل أصفر وإذا كان أحمر سمّوه بكل أحمر، [٩٥] وإذا انحلّ سمّوه بكل ماء، وإذا انعقد سمّوه بكل حجر وإذا تكلّس سمّوه بكل كلس ورماد.

قال: [٩٦] ولما حدث السواد فيه و لم يدخل في تركيبه سواد ولا شيء أسود؟

قال: [٩٧] أحسن الملك وتلطّف في السؤال.

قال: [٩٨] فاعلمني بذلك.

قال: [٩٩] عرض هذا السواد فيه لموت دهنه فيه وغزارة الدهن فيه [١٠٠] لأن الأولين سمّوه حجر الدهان والحجر المذهّب وأسماؤه كثيرة.

قال: [١٠١] وما الذي أمات فيه هذا الدهن، يا ميتاوس؟ ب ٣٣و

قال: [١٠٢] أمات الدهن فيه السمّ الناري الذي ألحقته به في أوّل التركيب، [١٠٣] لأنه هو الذي يميته وهو الذي يحييه، وهو الذي يحلّه وهو الذي يعقده، [١٠٤] وهو الذي يظهر صبغه وهو الذي يبيّض جسده بما أخرج منه من صبغه، ويصبغه صبغًا خالدًا أبدًا لا يفارقه. [١٠٥] وهو زمام الأمر وملاكه ومن غيره لا يكون شيء أبدًا. أ ١٠٠و

---

(١) سواد بل، ب : لون، أ | (٤) ولما، أ : ولم، ب ج | فيه ولم يدخل، أ ج : ولم يكن، ب | سواد ولا، ب : - ، أ ج | (٥) قال ... الملك، أ : ثم ان الملك احسن، ب | تلطف في السؤال، ب : لطف في القول، أ | (٦/٧) قال ... قال، أ : فقال له قيدروس، ب | (٧) عرض، ب ج : فاعرض، أ | هذا، ب : - ، أ ج | (٧/٨) دهنه ... المذهب، أ : الدهن في الحجر المذهب عنه، ب | (٨) واسماؤه، أ : واعلم ان اسماءه، ب | (٩) فيه هذا الدهن، ب : الدهن فيه، أ | (١٠) السم، ب : السر، أ | الحقته، أ : الحفته، ب | (١٢) بما اخرج، ب : ويصبغه بما اخرج، أ | ويصبغه، أ : ثم يصبغه، ب | (١٣) ابدا لا يفارقه، أ : لا يفارقه ابدا، ب | شيء، أ : شيئا، ب

أ ٩٩ظ قال: [٨٤] إذا تمّ أجله فاخرج الإناء من قامينه وأمُرْ بتحريكه. [٨٥] فإن سمعت المركّب وفي جوفه صلابة فقد أدرك وبلغ، فأمُرْ بفتح الإناء واخرجه. [٨٦] وإن سمعت جسمه فيه ليناً، فاردده إلى قامينه وزده مقدار ثلث الأيام، وهي ثمانية أيام.

قال: [٨٧] فما يكون لونه وحاله؟

قال: [٨٨] يكون أسود رزيناً براقاً صلباً، جوهراً مصوراً على هذا المثال: [redacted].

قال: [٨٩] فما تقول أنت، يا قيدروس؟

قال: [٩٠] صدق أيها الملك وقال الحقّ وانتهى إلى ما يلزمه إلى طاعة الملك.

قال: [٩١] فما يسمّى هذا المركّب الأسود؟

قال: [٩٢] مغنيسياء الحكماء.

قال: [٩٣] ولما سمّي بذلك؟

---

(١) قامينه، أ ج : قامنه، ب | وامر بتحريكه، أ : وامر من يحركه، ب : ومر انسانا يحركه، ج | (٢) وبلغ، ب : - ، أ ج | فامر ... واخرجه، أ : فافتح الاناء واخرجه، ج : فاما ان تشد عليه ناره واما ان تخرجه للشمس الحارة، ب | (٣) فيه، أ : وفيه، ب : -، ج | لينا، أ ج : لين، ب | وزده، أ ب : ورده، ج | ثلث، أ : تلك، ب : ثمن، ج | وهي ثمانية ايام، أ : - ، ب ج | (٤/٥) قال ... اسود، أ : واعلم انه يكون لونه حينئذ اسود، ب : فانه يدرك ويكون لونه اسود، ج | (٥) رزينا براقا، أ ج : رزين وله براق، ب | جوهرا ... المثال، أ : مجوهر وهو في برميل مصور، ب : كما هو في مرباك؟ مصور، ج | (٦/٧) قال ... طاعة الملك، أ : - ، ب ج | (٨) فما يسمى هذا، (أ) : فما يسمى، أ : بما يسمون هذا، ب | (٩) مغنيسياء، أ : مغنيسية، ب | (١/١٠) قال ... لانه، أ : وسموه بذلك لانهم، ب

قال: [٧٣] كم يكون قدر المدّة؟

قال: [٧٤] ستّين ساعة.

قال: [٧٥] فهل لهما تدبير قبل أن يدخل عليهما ماء الكبريت؟

قال: [٧٦] نعم، لهما تدبير وليس بتدبير.

قال: [٧٧] فما هو؟

قال: [٧٨] ينخلان في منخل الحكماء لتزول عنهما الأعراض المفسدة.

قال: [٧٩] وما الحاجة إلى ذلك؟

قال: [٨٠] به إدراك الأمر وفيه نجاح ما يطلب منه، وبغيره لا يكون منه نفع أبدًا.

قال: [٨١] أنصفت لي؟

قال: [٨٢] نعم، هو على هذا المثال.

قال: [٨٣] وما يصنع بهذا المركّب وما يكون منه؟

---

(٢) قال، أ : – ، ب | (٣/٤) قال فهل ... نعم، أ : واعلم ان | (٣) عليهم مـــاء، أ : عليه بالماء، ب | (٥/٦) قال ... قال، أ : وهـــو، ب |(٦) عنهمـــا، أ : عنهـــم، ب | المفسدة، أ : الفسيدة، ب | (٧/٨) قال ... وبه، أ : فهذا هـــو الســـبيل الى ـــ، ب | (٨) ادراك، ب : درك، أ | الامر، ب : الامل، أ | بغيره، أ : بغير هذا، ب | منه نفع، أ : – ، ب | (٩/١٠) قال انصفت ... مثال، أ : – ، ب | (١١) بهذا المركب، ب : بالمركب، أ

قال: [٦٢] وكم مدة وقتهما؟

قال: [٦٣] سبعة أيام.

قال: [٦٤] ثم ماذا؟

قال: [٦٥] ثم يوخذ من المطهّرين النيّرين اللذين هما الروح والنفس بالسوية ويلحقان بماء الكبريت.

قال: [٦٦] وكم يكون مقدار ما يلحقان به من الماء؟

قال: [٦٧] يكونان ضعف الماء والماء نصفهما. [٦٨] ويدخل عليهما من العظم المحروق وملح القلي والشبّ مقدار ربعهما [٦٩] ويسحقان سحقا شديدا حتى يكونا صمغة. [٧٠] ويدخلان إلى البلدة الفخّارية وتوقد عليهما النار المصورة في بهائك. [٧١] أفهمت، أيّها الملك؟

قال: [٧٢] نعم.

[قال: ... .]

(١/٢) قال وكم ... قال، أ : - ، ب | (٣/٤) قال ثم ماذا قال، أ : -، ب | (٤) المطهرين، أ : المطرين، ب | النيرين، ب : النائرين، أ | اللذين : الذين، أ ب | هما، ب : + جسما، أ | (٤/٥) بماء الكبريت، أ : بالماء والكبريت، ب | (٦) قال ... مقدار، أ : ومقدار، ب | (٧) قال يكونان، أ : يكونان، ب | العظم، ب : الماء، أ | (٨) ملح القلي، أ : الملح القيلان، ب | صمغة، أ : شمعة، ب | (٩) ويدخلان، أ : ويدخلا، ب | توقد، ب : يوقد، أ | عليهما، أ : فيها، ب | (٩/١٠) النار ... الملك، أ : نار تكون مضرمة في برميل، ب | (١١-١) قال ... قدر، أ : وقدر، ب

قال: [٤٧] أمر الملك طاعة [٤٨] ولست أجد بدًّا من أن أقول فيه بقولهم ولكنني أشرح للملك ما ستروا منه، [٤٩] فليُصغِ الملك إلى قولي.

قال: [٥٠] قل.

فقال: [٥١] هو الحجر المحيط بالنيّرين الذي بحره مكفوف وعينه ساكنة، [٥٢] الأبيض الأسود الأحمر الأصفر الثقيل الخفيف الساكن المتحرّك الميّت الحيّ الكاسي العريان. [٥٣] أفهمت، أيّها الملك؟

قال: [٥٤] نعم، فما يصنع به؟

قال: [٥٥] يفصل أعضاءه ويحرق عظامه إحراقًا شديدًا بجوهر نفسه وحامل صبغه. [٥٦] ويصفى نفسه وروحه حتى يتميّزا مما يخالطهما من الأشياء الكمينة المفسدة. [٥٧] ثم يصعدان في الإناء الذي يعرف على هذا المثال،[٥٨] ويكون إصعادهما مرتين، إحداهما يابسة والأخرى رطبة.

[قال:] [٥٩] فما صنع بهما بعد ذلك؟ أ ٩٩و

قال: [٦٠] يعزل كل واحد منهما على حدته، [٦١] ثم يوخذ منهما بالسوية ويلحقان ب ٣٢ظ
بربعهما من العظم المحروق ويدفنان في بطن الفرس.

(١/٢) قال امر ... منه، أ : ثم قال له صاحبه اشرح للملك ما ستروه، ب | (٢) فليصغ الملك، أ : قال له قيدروس اصغى، ب | (٣/٤) قال ... فقال، أ : اعلم انه، ب | (٦–٨) افهمت ... يفصل، أ : مفرق، ب | (٨) يحرق، أ : محرق، ب | احراقا، أ : حرقا، ب ح | (٩) ويصفى، أ : وتفرق، ب | مما يخالطهما، ب : ما يخالهما، أ | الكمينة، أ : بجوهر نفسها الكثيفة، ب : الكثيفة، ح | (١٠) الإناء، أ : الأثال، ح | على هذا المثال، أ : – ، ب | (١٠) احداهما، ب : الواحدة، أ | (١٢/١٣) فما ... قال، أ : ثم، ب | (١٣) يعزل، ب : يعمل، أ | يوخذ منهما، ب : يوخذا، أ | (١٤) المحروق، ب : المحرق، أ

قال: [٣٣] ولِمَ ذلك؟

قال: [٣٤] لأن أحدهما معدني والآخر حيواني، وهما متّفقان في الأصل مختلفان في الفرع.

قال: [٣٥] فأنت يا ميتاوس، ما تقول في ذلك؟

أ ٩٨ظ قال: [٣٦] قولي، أيّها الملك، وقوله سواء قول واحد، [٣٧] وكذلك قال من مضى ومن بقي. [٣٨] أمّا الحيواني منهما فيدبّر منه وبه، لا يحتاج إلى دخيل عليه. [٣٩] وأمّا الآخر منهما وهو المعدني، فيحتاج إلى دخيل عليه [٤٠] وهي الأنثى التي تحمل حرارة الذكر وتحمل نطفته وصبغه وتربّيهما في جوفها غذاءً له في آخر عمله. [٤١] ولولاهما لما تمّ له عمل، [٤٢] وذلك بمعونة الهواء عليه والنار لأن الهواء يلينه والنار والأنثى يخرجان سرّه.

قال: [٤٣] فما هذه الأنثى؟

قال: [٤٤] هي بيضاء رخصة ومنها كان مولوده. [٤٥] فهذا جواب ما سأل عنه الملك.

قال: [٤٦] فأحبّ يا قيدروس أن تجيبني عن الحجر الأوّل منهما، كيف يكون تدبيره وما هو، بكلام واضح بغير كتمان.

---

(١) ولم، ب : + كان، ب | (٤) سواء قول، ب : – ، أ | كذلك قال، أ : كذلك، ب | (٥/٦) دخيل، أ : داخل، ب | (٦) عليه، ب : – ، أ | (٦/٧) التي ... وتحمل، ب : تحمل ، أ | (٧) وتربيهما في جوفها، أ : لتكون، ب | (٧/٨) ولولاهما لما تم، أ : ولولاها لم يتم، ب | (٨) بمعونة، أ : يكون بمعرفة، ب | عليه، أ : له عليها، ب | (١٠/١١) فما ... قال، أ : والانثى، ب | (١١) مولوده، أ : مولده، ب ح | (١١/١٢) سأل عنه الملك، ب : سألت عنه، أ | (١٣) فأحب ... تجيبني، أ : اخبرني، ب ح | بكلام، ب : – ، أ

قال: [١٧] فأنت يا ميتاوس، ما تقول فيما سألت عنه قيدروس؟

قال: [١٨] صدق، أيها الملك، فيما حكاه وأصاب في الجواب [١٩] وأنا موافق فيه لأنّا كذلك نجده في مصاحف الحكماء. [٢٠] وقد كنت شرحت مثل هذا القول للملك السعيد الجُدّ في مواضع كثيرة. [٢١] والدليل على صدقنا فيما ذكرناه أن الحكماء لما وصلوا إلى هذا العلم رفضوا الدنيا وزهدوا فيها ورغبوا في الدار الآخرة. [٢٢] فكيف يحسدون الناس على ما قد رفضوه وزهدوا فيه؟

فقال مرقونس: [٢٣] أردت منكما أن تخبراني عن هذا العلم، [٢٤] أيكون من شيئين أو من شيء واحد أو من أشياء شتّى؟ [٢٥] واخبراني بعنصره ومعدنه وطبيعته حتى كأني أراه نصب عينيّ. [٢٦] وابتدئ أنت بالكلام، يا قيدروس.

قال قيدروس: [٢٧] أيّها الملك اعلم أن صنعة الحكمة الإلهية وصبغهم الخالد إنما يعملونه من حجرين ليس في العالم غيرهما، [٢٨] ولا يكون الصبغ الخالد وعمله إلا منهما. ب ٣٢و
[٢٩] وكذلك ذكره من مضى ومن بقي.

قال: [٣٠] وما هذان الحجران؟ [٣١] صفهما لي وأوضح لي أمرهما بغير حسد.

قال: [٣٢] إنهما متّفقان في الطبيعة والتركيب والصبغ، مختلفان في رأي العين.

(١–٧) قال فانت ... مرقونس، أ : ثم قال لهم الملك، ب | (٢) اصاب : اصوب، أ | (٣) نجده : نجدوه، أ | (٧) اردت ... هذا، ب : اخبرني بهذا، أ | العلم، أ : الحجر الكريم، ب : العمل، ح | (٧/٨) ايكون ... واحد، ب : ان يكون شيئا واحدا، أ | (٨) شتى، أ : كثيرة، ب | واخبراني بعنصره، ب : وعن عنصره، أ ح | (٩) كاني، أ : انني، ب | نصب عيني، أ : بعيني، ب | انت بالكلام، ب : الكلام انت في ذلك، أ | (١٠) ايها الملك اعلم، ب : –، أ ح | صنعة الحكمة، أ : هذه الصناعة، ب : صنعة الحكماء، ح | يعملونه، أ : يعمل، ب : تعمل، ح | (١٢) كذلك، أ : كذا، ب | ذكره، أ : ذكر لي، ب : قال، ح | (١٣) لي امرهما، ب : امرهما لي، أ | (١٤) والصبغ، أ : والطبع، ب : –، ح

وقال لهم الملك: [٥] قد كنت أحببت أن تجتمعا عندي بحضرتي وأسألكما عن علم الصنعة الإلهية [٦] التي أذهلت عقول المخلوقين وشرّدتهم عن أوطانهم، وهلك أكثرهم على طلبها في قفار الأرض حزنا عليها وأسفا لفقدها وتعبا. [٧] وأردت منكما أن تعرّفاني ما الذي دعا الحكماء إلى كتمانها ورمزها رمزًا ما وصفوه منها في مصاحفهم واختلافهم حتى لا يفسّره من يقرأه ولا يقف له على أوّل ولا آخر. [٨] فتكلّم أنت، يا قيدروس.

فقال له قيدروس: [٩] أيّها الملك، اعلم أن ذلك لم يكن من الحكماء بخلاً منهم على من في زمانهم ولا الذين بعدهم، [١٠] ولكنهم نظروا إلى هذا العالم فوجدوا أهله مقتصدين على طلب بلادهم، ووجدوهم +تامين+ على لموء شهواتهم إلا قليلاً منهم. [١١] فحملوا تلك المصاحف التي وضعوها لتلك الشرذمة القليلة معونةً لهم ومعونةً على ما يلتمسوه من صلاح الخلق. [١٢] ورمزوها خيفةً من أن تقع في أيدي طالب الشهوات فيظهرها ويفسدها في الأرض فيلحقهم الإثم. [١٣] وعلّموا من أدركوه منهم مشافهةً أ ٩٨و [١٤] وأوجبوا أمر من وضعوها له من أهل الأنس والعقول والمعرفة إلى اللّه تعالى، [١٥] إن شاء أن يلهمهم علمها فعل وإن شاء منعهم. [١٦] فهذا جواب ما سأل عنه الملك المحروس من غِيَر الدهر.

---

(١) وقال لهم، ب : فقال مرقونس، أ | احببت، ب : احب، أ ح |عندي بحضرتي، ب : – ، أ ح | (٢) الصنعة، أ خ : الصناعة، ب | اذهلت عقول، ب : اوهلت، أ | هلك، ب : هلكت، أ : وأفقرت أكثرهم وهلكوا، ح | (٣) على طلبها، ب : – ، أ | قفار، أ : قعر، ب : قوارع الطرق، ح |وتعبا، أ : – ، ب | واردت ... تعرفاني ما، ب : فما ، أ | (٤–٦) رمزا ... قيدروس، أ : – ، ب | (٧) فقال، أ : فقالا، ب | ايها ... اعلم، ب : – ، أ | (٧–١١) بخلا ... ورمزوها، أ : على وجه حقد ولا حسد وانما ذلك منهم، ب | (١١) خيفة، أ : مخافة عليها، ب | ان تقع في ايدي، ب : – ، أ | طالب، أ : غيرهم من طالبين، ب | (١٢) فيظهرها ويفسدها، أ : فيطغوا بها ويفسدون، ب | ادركوه منهم، أ : ادركهم، ب | (١٣) واوجبوا امر، أ : ورجوا في وضعهم لها في كتبهم، ب| وضعوها، ب : وضعها، أ |الى اللّه تعالى، أ : ان اللّه عز وجل، ب |(١٤) منعهم، أ : + عملها وفعلها، ب | عنه، ب : – ، أ | (١٥) المحروس ... الدهر، أ : السعيد، ب

أ ٩٧و بسم اللّه الرحمن الرحيم وصلّى اللّه على سيّدنا محمّد وعلى آله وصحبه وسلّم

ب ٣١ظ

هذه رســـالة الحكيـــم قيـــدروس
في جواب المســـائل التي سأل عنها مرقونـــــس الملـــك بحضرة ميتـــاوس القاطر وجمـــاعة من الحكمـــاء
على الصنعـــة الإلهيـــة

أ ٩٧ظ

الحمد للّه

[١] اعلم أن هذه الرسالة هي أشرح الرسائل وأبينها، [٢] وكانت في هيكل دراســـدس مكتوبة فيه بخطّ البرسطي، [٣] وفسّرت لخالد بن يزيد بن معاوية فيما فسّر لـــه مـــن الكتب.

[٤] وكان قيدروس القاطر وميتاوس القاطر من حين بقطر من مصر وكانا جميعًا بحضرة مرقونس الملك.

(١) وصلى، ب : صلى، أ | وعلى آله وصحبه، ب : وآله، أ | (٢) الحكيم، ب : – ، أ | (٣) جواب، أ : – ، ب | (٤) ميتاوس، ب : مقناوس، أ | القـــاطر، أ : – ، ب | (٦/٧) الحمد ... وابينها، ب : وهي شرح المسائل واعناها لمن عرفها، أ | وكـــانت، ب : + هـــذه المسائل، أ | دراسدس، أ : – ، ب | (٨) مكتوبة فيه، ب : –، أ | البرسطي، أ : بوطر، ب | فسرت لخالد، ب : فسره خالد، أ | بن معاوية، أ : – ، ب | فيمـــا، ب : ممـــا، أ | (٩) الكتب، ب : + وباللّه التوفيق، أ | (١٠) وكان ... مصر، أ : ذكروا واللّه اعلم ان قيدروس وميتاوس، ب | بقطر من مصر : يقطر من مصرى، أ | وكانا : وكانوا، أ : كانا، ب | (١١) مرقونس الملك، أ : الملك مرقونس، ب

1.6 Übersetzung

Im Namen Gottes, des barmherzigen Erbarmers. Gott segne unseren Herrn Muḥammad, seine Familie und seine Gefährten und gebe ihm Heil.

Dies ist die Abhandlung des Weisen Qaydarūs zur Beantwortung der Fragen über die Göttliche Kunst, die der König Marqūnus im Beisein des „Schauenden“[1] Mītāwus und einer Gruppe von Weisen stellte

Gelobt sei Gott.

[1] Wisse, dass diese Abhandlung zu den klarsten und deutlichsten ihrer Art gehört. [2] Sie befand sich im Tempel von Darāsdis (?), in dem sie in der Schrift des Barisṭī (?)[2] niedergeschrieben worden war [3] und gehört zu den Büchern, die für Ḫālid ibn Yazīd ibn Muʿāwiya erläutert wurden.

[4] Der „Schauende“ Qaydarūs und der „Schauende“ Mītāwus hielten sich damals (?) (*min ḥīn*) beide in einem Landesteil Ägyptens auf und waren gemeinsam beim König Marqūnus zugegen.

Da sprach der König [*Marqūnus*] zu ihnen: [5] Ich hatte gewünscht, dass ihr beide euch bei mir in meiner Gegenwart versammeln möget und ich euch zur Wissenschaft der Göttlichen Kunst befrage, [6] welche die Gemüter der Geschöpfe erstaunt und diese aus ihrer Heimat vertrieben hat. Beim Streben nach ihr gingen die meisten von ihnen in verödeten Landstrichen zugrunde, aus Trauer um sie, im Bedauern ihres Verlustes und aus Erschöpfung. [7] Von euch beiden möchte ich nun, dass ihr mir mitteilt, was die Weisen dazu veranlasst hat, sie [d.h. diese Kunst] zu verbergen

1 In Anlehnung an VERENOS These (s. Kapitel 2.1.3 Anm. 15) wird *qāṭir* hier in der Bedeutung von *nāẓir* als „Schauender“ übersetzt.

2 Zu den unklaren Begriffen ‚Darāsdis‘ und ‚Barisṭī‘ s. Kapitel 2.1.1.

und das, was sie in ihren Büchern von ihr beschrieben haben, mit jeweils unterschiedlichen Symbolen zu verschlüsseln, so dass derjenige, der es liest, es weder zu deuten vermag noch es in irgendeiner Weise wiedererkennt. [8] So sprich du, Qaydarūs.

Qaydarūs: [9] Wisset, o König, dass die Weisen nicht aus Geiz gegenüber ihren Zeitgenossen und jenen, die nach ihnen kamen, so verfuhren. [10] Vielmehr betrachteten sie diese Welt und befanden, dass ihre Bewohner nur nach dem Wohl ihrer eigenen Länder strebten und (...) zur Erfüllung ihrer Begierden waren, mit Ausnahme einiger weniger unter ihnen. [11] So ließen sie jene Bücher, die sie verfasst hatten, dieser kleinen Gruppe zukommen, als Unterstützung für sie und für das, was sie für die Menschheit an Heil erbitten. [12] Sie verschlüsselten sie [d.h. die Bücher] aus Furcht davor, dass sie dem Verfolger der Begierden in die Hände fallen könnten, denn dieser legt sie dann offen und verdirbt sie auf der Erde, so dass Schande über sie [d.h. die Weisen] kommt. [13] Sie unterwiesen jene, die sie von ihnen erreichten, im mündlichen Gespräch [14] und übertrugen Gott – Erhaben ist Er – die Angelegenheit jener Vertrauten, Verständigen und Wissenden, denen sie diese [d.h. die Kunst] dargelegt hatten. [15] Wenn es Seinem Willen entsprach, ihnen das Wissen über sie einzugeben, so tat Er dies, wenn nicht, verwehrte Er es ihnen. [16] Dies ist die Antwort auf die Frage des vor den Wechselfällen des Schicksals (*ad-dahr*) wohlbeschützten Königs.

Marqūnus: [17] Und du, Mītāwus? Was sagst du zu dem, wonach ich Qaydarūs gefragt habe?

Mītāwus: [18] Er hat wahr gesprochen, o König, und recht geantwortet. [19] Ich stimme darin mit ihm überein, denn so finden wir es auch in den Schriften der Weisen [geschrieben]. [20] Ganz ähnliche Aussprüche habe ich dem vom Glück begünstigten König bereits zu vielerlei Gelegenheit erläutert. [21] Der Beleg für die Wahrhaftigkeit unserer Ausführungen ist doch, dass die Weisen, als sie zu diesem Wissen gelangten, die diesseitige Welt aufgaben, ihr entsagten und ihr Streben auf das Jenseits (*ad-dār al-āḫira*) ausrichteten. [22] Wie sollten sie dann die Menschen um etwas beneiden, das sie bereits aufgegeben hatten und dem sie entsagt hatten?

Da sprach *Marqūnus:* [23] Ich möchte, dass ihr beide mich von dieser Wissenschaft in Kenntnis setzt. [24] Ist sie aus zwei Dingen, aus einem Ding oder aus verschiedenen Dingen? [25] Nennt mir ihren Ursprung, ihr Mineral und ihre Natur, so dass ich sie gleichsam vor meinen Augen sehe. [26] Sprich zunächst du, Qaydarūs.

Qaydarūs: [27] Wisse, o König, dass sie die Göttliche Kunst der Weisheit und ihre ewige Färbung anhand zweier Steine vollziehen, die auf der Welt einzigartig sind. [28] Nur von ihnen stammt die ewige Färbung und ihr Werk. [29] Auch jene, die [bereits] hinweggegangen sind, sowie jene, die verblieben sind, haben es so erwähnt.

Marqūnus: [30] Was sind diese beiden Steine? [31] Beschreibe sie mir beide und erläutere mir ihre Angelegenheit ohne Missgunst.

Qaydarūs: [32] Beide stimmen in Natur, Zusammensetzung und Färbung überein, erscheinen dem Auge [jedoch] verschieden.

Marqūnus: [33] Weshalb ist dies so?

Qaydarūs: [34] Weil einer von ihnen mineralisch ist und der andere animalisch. Sie stimmen in ihrer Wurzel überein und sind verschieden in ihrem Zweig.

Marqūnus: [35] Was hast du hierzu zu sagen, Mītāwus?

Mītāwus: [36] Meine Rede und die seine sind eins, o König. [37] So haben es auch jene formuliert, die hinweggegangen sind und jene, die verblieben sind. [38] Was den animalischen der beiden [Steine] betrifft, so wird er aus ihm und durch ihn [selbst] zubereitet, ihm muss nichts hinzugefügt werden. [39] Dem anderen der beiden hingegen, welcher der mineralische [Stein] ist, muss etwas hinzugefügt werden. [40] Dies ist das Weibliche, das die Hitze des Männlichen sowie auch seinen Samen und seine Färbung trägt und die beiden in seinem Inneren großzieht, damit sie ihm am Ende seines Werkes als Nahrung dienen. [41] Ohne die beiden könnte kein Werk an ihm vollzogen werden. [42] Dies geschieht mit der

Unterstützung der Luft auf ihm und des Feuers, denn die Luft erweicht ihn, während das Weibliche und das Feuer sein Geheimnis hervorbringen. *Marqūnus:* [43] Was also ist dieses Weibliche?

Mītāwus: [44] Es ist weiß und zart und aus ihm wurde sein Kind geboren. [45] Dies ist die Antwort auf die Frage des Königs.

Marqūnus: [46] Ich hätte es gerne, Qaydarūs, dass du mir mit deutlichen, unverhüllten Worten beantwortest, was der erste der beiden Steine ist und wie sein Verfahren abläuft.

Qaydarūs: [47] Der Anordnung des Königs will ich gerne Folge leisten. [48] Ich kann nicht umhin, hierüber mit ihren Worten[3] zu sprechen, doch erkläre ich dem König, was sie vor ihm verborgen haben. [49] So möge der König meine Rede anhören.

Marqūnus: [50] Sprich.

Qaydarūs: [51] Er ist der Stein, der von den beiden Leuchtenden (*an-nayyirayn*) umgeben ist, dessen Meer blind ist und dessen Auge still, [52] der schwarze Weiße, der gelbe Rote, der schwere Leichte, der reglose Bewegte, der tote Lebendige, der verhüllte Nackte. [53] Hast du verstanden, o König?

Marqūnus: [54] Ja. Was wird nun mit ihm gemacht?

Qaydarūs: [55] Er trennt seine Glieder und verbrennt seine Knochen in heftiger Verbrennung, durch die Substanz seiner Seele und den Träger seiner Färbung. [56] Er reinigt seine Seele und seinen Geist, bis beide sich von den verborgenen, verdorbenen[4] Dingen absetzen, die ihnen beigemengt sind. [57] Dann steigen beide in dem Gefäß auf, das in dieser Form bekannt ist.[5] [58] Ihr Aufstieg erfolgt zweimal, einmal trocken und einmal feucht.

---

3 *bi-qawlihim* bezieht sich offenbar auf die Aussprüche anderer Alchemisten.
4 Oder auch *mufsid:* „Verderbnis bringend“.
5 Auf fol. 98b der Hs. أ folgt an dieser Stelle eine Abbildung des Gefäßes.

[*Marqūnus:*] [59] Was wurde danach mit den beiden gemacht?

Qaydarūs: [60] Beide werden jeweils einzeln weggestellt, [61] dann wird von beiden gleichviel genommen, mit einem Viertel von ihnen dem verbrannten Knochen angefügt und im Pferdebauch verborgen.

Marqūnus: [62] Wie lang ist die Zeit der beiden?

Qaydarūs: [63] Sieben Tage.

Marqūnus: [64] Und dann?

Qaydarūs: [65] Dann wird gleichviel von den beiden leuchtenden Gereinigten, welche der Geist und der Seele sind, genommen und dem Schwefelwasser hinzugefügt.

Marqūnus: [66] Welcher Menge an Wasser werden sie hinzugefügt?

Qaydarūs: [67] Sie sind das Doppelte des Wassers und dieses ist die Hälfte von ihnen. [68] [Dann] wird Ihnen von dem verbrannten Knochen sowie Alkalisalz und Alaun zugeführt, in der Menge eines Viertels der beiden. [69] Beide werden sehr fein zerrieben, bis sie [zu] Gummiharz [geworden] sind. [70] Sie werden in den irdenen Ort eingeführt, und ihnen beiden wird das Feuer angezündet, das in deiner Pracht abgebildet ist. [71] Hast du verstanden, o König?

Marqūnus: [72] Ja. [...].

[...]

Marqūnus: [73] Wieviel beträgt die Dauer?

Mītāwus [?]: [74] Sechzig Stunden.

Marqūnus: [75] Haben die beiden denn ein Verfahren, bevor ihnen das Schwefelwasser zugeführt wird?

Mītāwus [?]: [76] Ja, sie haben ein Verfahren, das kein Verfahren ist.

Marqūnus: [77] Was ist es?

Mītāwus [?]: [78] Sie werden im Sieb der Weisen gesiebt, damit ihre verderblichen Akzidenzien von ihnen weichen.

Marqūnus: [79] Wofür ist dies notwendig?

Mītāwus [?]: [80] Dadurch wird die Angelegenheit erreicht und der Erfolg dessen, was durch ihn angestrebt wird, liegt darin begründet. Ansonsten wird er überhaupt keinen Nutzen haben.

Marqūnus: [81] Hast du mir rechtmäßig [Auskunft gegeben]?

Mītāwus [?]: [82] Ja. Es sieht folgendermaßen aus.[6]

Marqūnus: [83] Was wird danach mit dieser Verbindung gemacht und was entsteht aus ihr?

Mītāwus [?]: [84] Wenn ihre Zeit um ist, nimm das Gefäß aus seinem Brennofen und veranlasse, dass es hin und her bewegt werde. [85] Wenn du nun hörst, dass im Inneren der Verbindung Festigkeit herrscht, so ist sie bereits reif. Lass das Gefäß dann öffnen und hole sie [d.h. die Verbindung] heraus. [86] Wenn du [aber] ihren Körper in ihm [d.h. dem Gefäß] weich hörst, so lege es in seinen Brennofen zurück und verlängere [seine Zeit] um ein Drittel der Tage, derer acht sind.

Marqūnus: [87] Was wird ihre Farbe und ihr Zustand sein?

Mītāwus: [88] Sie wird schwarz, schwer, funkelnd und fest sein, eine Substanz,[7] die folgendermaßen abgebildet wird: [redacted].[8]

Marqūnus: [89] Was sagst du [dazu], Qaydarūs?

6 Auf fol. 99a der Hs. أ folgen an dieser Stelle verschiedene Illustrationen (vgl. Titelabb.).

7 Oder: *ǧawharan:* „ein Erz“.

8 Es folgt eine geschwärzte Textstelle in der Hs. أ.

Qaydarūs: [90] Er hat recht gesprochen, o König, und die Wahrheit gesagt und ist schließlich zu dem gelangt, was er tun musste, um dem König zu gehorchen.

Marqūnus: [91] Wie wird nun die schwarze Verbindung genannt?

Qaydarūs: [92] Die Magnesia der Weisen.

Marqūnus: [93] Weshalb wurde sie so genannt?

Qaydarūs: [94] Aufgrund ihrer Farbe. Denn wenn sie schwarz ist, so benennen sie sie nach allem Schwarzen, ja sogar als „schwarz". Wenn sie weiß ist, benennen sie sie nach allem, was weiß ist, wenn sie gelb ist, nach allem, was gelb ist, und wenn sie rot ist, nach allem, was rot ist. [95] Wenn sie sich löst, benennen sie sie nach allen Flüssigkeiten, wenn sie sich verfestigt, benennen sie sie nach allen Steinen, und wenn sie kalziniert, benennen sie sie nach allen [Arten] des Kalks und der Asche.

Marqūnus: [96] Wodurch kam es in ihr zur Schwärze, wo doch weder Schwärze noch etwas Schwarzes in ihre Zusammensetzung eingetreten ist?

Qaydarūs: [97] Der König hat geschickt und freundlich gefragt.

Marqūnus: [98] Unterrichte mich also davon.

Qaydarūs: [99] Diese Schwärze trat auf, ihr liegen der Tod ihres Öls in ihr und die Fülle an Öl in ihr zugrunde, [100] denn die Alten nannten sie den „Stein der Öle" und den „vergoldeten[9] Stein". Ihre Namen sind zahlreich.

Marqūnus: [101] Wodurch wurde das Öl in ihr getötet, Mītāwus?

Mītāwus: [102] Das Öl in ihr wurde von dem feurigen Gift getötet, welches ich ihr zu Beginn der Synthese beigefügt habe. [103] Denn [das feurige Gift] ist es, was sie tötet und lebendig macht, was sie löst und verfestigt [104] und was ihre Färbung zum Vorschein bringt. [Das feurige Gift] ist, was ihren Körper weißt durch das, was es ihm von seiner Färbung ent-

9 Alternative Lesart zu *muḏahhab*: *muḏahhib:* „vergoldend".

zog. Es färbt ihn mit ewiger Färbung, die sich niemals wieder von ihm trennt. [105] Es ist Lenker und Grundlage der Sache, ohne es wird niemals etwas zustande kommen.

Marqūnus: [106] Wie kommt es, dass Qaydarūs mir nicht mitgeteilt hat, was du mir in Bezug darauf [d.h. auf das feurige Gift] mitgeteilt hast?

Mītāwus: [107] Er hat richtig und gut gehandelt und ist dem Weg der Weisen gefolgt. [108] Er ist noch dabei, dem König von derartigen Geheimnissen zu berichten, auf dass die Zungen [sie] nicht weitertragen und jemandem diktieren, der es nicht verdient.

Marqūnus: [109] Qaydarūs, was wird mit diesem schwarzen Stein gemacht, den sie Magnesia genannt haben?

Qaydarūs: [110] Er wird im Mörser der Weisen fein zerrieben, bis er feiner ist als alles Andere. Er wird gesiebt, so wie das Feine gesiebt wird [111] und es wird ihm vom Schwefelwasser und Alaun zugeführt, was ihn tränkt und überströmt.

Marqūnus: [112] Wieviel beträgt seine Menge?

Qaydarūs: [113] Eineindrittel seines Gewichts. Einige Weise haben ihm auch weniger als das zugeführt, in der Menge eines und eines viertel Teils.

Marqūnus: [114] Wieviel Feuer ist in ihm?

Qaydarūs: [115] Ein Neuntel des Körpers.

Marqūnus: [116] Wenn dies nun mit ihm gemacht wurde, was wird dann aus ihm?

Qaydarūs: [117] Er wird in den Pferdebauch gelegt, womit man das Austreten seiner Seele beabsichtigt, die seine Färbung ist. [118] Sie ist das Neugeborene, welches die Weisen zum Vorschein zu bringen und in ihren Händen zu halten erhoffen.

Marqūnus: [119] Innerhalb von wieviel Zeit tritt diese Färbung aus?

Qaydarūs: [120] Innerhalb von sieben Tagen, ein anderer [Zeitraum] genügt ihr[10] nicht. [121] Dann wird er herausgeholt und liegen gelassen, bis er abkühlt, [dabei] wird sein Wind gemieden, denn dieser ist ein tödliches Gift. [122] Danach wird [die Flüssigkeit?] von dem Körper in ein anderes Gefäß abgegossen, woraufhin er in den Sieben der Weisen einmal gesiebt und dabei auf einem Fass abgebildet wird. [123] Anschließend wird er eine Nacht lang einzeln weggestellt. [124] Dann wird der Körper genommen und ihm wird ein wenig des feurigen Gifts zugeführt, mit dem er fein zerrieben wird.

Marqūnus: [125] Hat es ein [bestimmtes] Gewicht?

Qaydarūs: [126] Nein, [seine] Menge entspricht jedoch dem, was ein Fingernagel trägt oder etwas weniger. [127] Dann wird ihm etwas von dem vergifteten Schwefelwasser zugeführt wie der erste Teil und er wird für dieselbe Dauer wie beim ersten Mal in den Pferdebauch zurückgelegt. [128] Danach holt man ihn heraus, lässt ihn abkühlen, öffnet ihn und meidet sein Gift. [129] Er wird dann in ein anderes Gefäß gegossen und nochmals gesiebt, damit sich seine Schmutzpartikel von ihm absetzen.

Marqūnus: [130] Was wird mit ihm gemacht?

Qaydarūs: [131] Er wird mit seinem ersten Bruder vermischt und beide werden weggestellt. [132] Danach wird der Körper im selben Maße wie beim ersten [Mal] mit dem scharfen Salz (*al-milḥ al-uǧāǧ*)[11] und dem weißen Feuer versetzt und fein zerrieben, [133] auch Schneckenspeichel oder Schwefelwasser wird ihm im selben Maße zugeführt und er wird für dieselbe Dauer wie beim ersten Mal gemäß seiner Bezeichnung (?) (*ʿalā wasmihī*) in die heiße Quelle[12] zurückgelegt. [134] Er wird stehen gelassen, geöffnet, herausgeholt, gereinigt, gesiebt und zu seinen Brüdern zurückgegeben. [135] Dann steigt er sieben Mal in den Kuppeln der Weisen auf und wird weggestellt. [136] Das Neugeborene ist sodann erschienen, die

10 Oder: „ihm"; statt auf die Färbung kann sich das maskuline Objektpronomen auch auf den Stein (vgl. § 109) beziehen.

11 Alternative Lesart zu *uǧāǧ*: *aǧǧāǧ:* „brennend, heiß".

12 Alternative Lesart zu *ḥamma: ḥumma* „Schwärze, Fieber".

Reinheit der Seele hat sich vervollkommnet und die Hälfte des Verfahrens ist vollbracht.

Der König [*Marqūnus*] sprach: [137] Was sagst du dazu, Mītāwus? [138] Wo ist die Dichte der Körperlichkeit aus ihm (?), wo er[13] doch aus seinem Körper austrat, wie er in ihn eintrat? [139] Und wie kommt es, dass er gesiebt werden muss? In ihm ist keine Dichte, die das Sieben erfordern würde. [140] Unterrichte mich ohne Missgunst von dem, wonach ich dich im Hinblick auf die Erhellung dieses Geheimnisses gefragt habe.

Mītāwus: [141] Ich bitte den König beim Licht der Ersten Ursache, dass er mich von der Erläuterung und Enthüllung dieser Sache freistellen möge. [142] Ich war [in meinen Ausführungen] bereits so kühn, wie kein anderer Weiser [zuvor].

Marqūnus: [143] Sprich, denn Gott – Mächtig und Erhaben ist Er – verfügt über Hüter, die es [d. h. das Geheimnis] denjenigen Seiner Leute überbringen, die vor ihm verborgen sind, und die es jenen verwehren, die nicht zu Seinen Leuten gehören.

Mītāwus: [144] Wenn Ihr wollt, dass wir Euch zum Körper und Geist antworten,[14] so wisset, dass etwas von der Schwärze von ihnen gegangen ist und der Geist auf seinem Körper blieb, als beide von ihrem Platz hervorgeholt und weiß wurden. [145] Die Weisen brachten die beiden miteinander in Einklang und nahmen vom Körper, was sie für sich bewahrt hatten. Qaydarūs hat dessen Menge bereits erläutert. [146] Dann gaben sie seinen Geist zu ihm zurück, unterzogen ihn einem Verfahren (*dabbarūhu*) und legten ihn an seinen Platz zurück. [147] Der Körper wird von seiner Dichte weggeführt und schließt sich seinem Geist an in Feinheit und Kleinheit. [148] Der Körper und sein Geist sind sodann ein einziges Wasser.

Marqūnus: [149] Was ist die Bedeutung dieses Teils, durch den er heranreift und das Erhoffte erreicht?

---

13 Gemeint ist wahrscheinlich der Geist (*ar-rūḥ*), vgl. § 144ff.

14 In der Hs. ب wird dieser Teilsatz verneint: „dass wir Euch nicht … antworten“, was im Hinblick auf den Kontext wenig Sinn ergibt.

Mītāwus: [150] Das Maß seiner zweiten Aufenthaltsdauer beträgt fünfzig Tage und Nächte. [151] Dann muss er siebenmal gesiebt werden und bei jedem Sieben muss von ihm ein – wenn auch geringer – Rückstand übrigbleiben.

Marqūnus: [152] Was ist jener Rückstand?

Mītāwus: [153] Der Überrest von der Grobheit des Körpers.

Marqūnus: [154] Und was wird mit ihm gemacht?

Mītāwus: [155] Er reinigt sich von ihm und wird nicht zu ihm zurück gegeben. [156] Die Weisen bezeichnen ihn mit Namen wie dem „Bodensatz“, dem „Schmutzwasser“ (*al-ġusāla*), dem „Schmutzigen“ (*al-wasīḫ*)[15] und ähnlichen Bezeichnungen. [157] Dies ist die Antwort auf das, wonach der König gefragt hat, nach wahrheitsgemäßer Beschreibung.
[158] Wenn er dann diese Stufe erreicht hat, nimmt man den feinen Geist, der sich gelöst hat, um ihm den Teil beizugeben, den sie ihm von dem Körper vor seiner Lösung zugeführt haben, und er wird in ihm umgerührt. [159] Sodann tritt das Gelb der *wars*-Pflanze in Erscheinung, sie gibt ihm die Hefe, und seine Teile versammeln sich und trinken ihn, während er sich in einem Fass befindet (?). [160] Nach dieser Stufe wird er dann ins Verfestigungsgefäß gelegt und ins milde Feuer gegeben. Dadurch kann das Öl an seinem Körper anhaften und er verfestigt sich insgesamt. [161] Wenn wir ihm dabei das Feuers verstärkten, so würde die Seele vor ihrem Körper fliehen und hätte keinerlei Nutzen.
[162] Sieht der König denn nicht jene, die die Gefäße fertigen? [163] Sie rühren ihre Erde mit Wasser an und sie wird darin vollendet und wird zu Ton. [164] Wenn sie nun dazu geworden ist, so fertigen sie aus ihr Gefäße nach ihrem Belieben, dann trocknen sie sie an der Luft. Wenn sie dann getrocknet sind, sind sie ihres Erachtens nach fertig. [165] Wenn sie sie aber ins Feuer legten, so bekämen sie Risse und zerbrächen. [166] Aus diesem Grund mussten die Weisen ihn in diejenigen Gefäße geben, die ihn gären lassen, ohne ihn zu stören oder zu verscheuchen, damit sich sein Geist be-

---

15 Die Wortform *wasīḫ* ist weder im *Lisān al-ʿarab* noch bei LANE aufgeführt (vgl. IBN MANẒŪR 2005, 4278; LANE 1863, 2940). Möglicherweise handelt es sich um einen Fehler in der Hs., so dass eher *al-wasiḫ* „der Schmutzige“ bzw. *al-wasaḫ* „der Schmutz“ zu lesen wäre.

ruhigt und die Färbung an ihren Platz zurückkehrt, aus dem sie herausgekommen und aufgestiegen ist.

Marqūnus: [167] Ich habe verstanden. Warum mussten die Weisen ihn herausholen und wieder an seine Ursprungsorte zurückgeben?

Mītāwus: [168] Wisset, o König, dass dieser Stein das Kostbarste ist, was es auf der Welt gibt, und nur von ihm wird jemals die ewige Färbung sein. [169] Als die Weisen Kenntnis von ihm erlangten, stellten sie ihn anhand dessen her, was Gott, der Gesegnete und Erhabene, ihnen über sein Verfahren eingegeben hatte. [170] Dann erfuhren sie, dass er vor dem Verfahren nicht färbt, so dass [die Durchführung] seines Verfahrens für sie unerlässlich war.

Marqūnus: [171] Was färbt dieser Stein, wenn er aus seinem Ursprungsort[16] hervorgeholt wird?

Mītāwus: [172] Er färbt das Silber, aufgrund dessen, was in ihm [d.h. dem Stein] ist an Gegensatz der verbrennenden Natur zu den färbenden Naturen, welche[17] Gott – Gepriesen ist Er – ihm beigegeben hat.

Marqūnus: [173] Was ist in ihm an verbrennenden Naturen, die den färbenden Naturen entgegenwirken und sie verderben?

Mītāwus: [174] Der König soll wissen, dass in diesem Stein drei Feuer sind. [175] Eines von ihnen ist feucht und ölig, es hängt mit einer seiner beiden Seiten am Feuer und das andere kommt nur in dem für es befeuchteten Wasser heraus.

Marqūnus: [176] Warum benötigt es etwas, durch das es befeuchtet wird? (?)

Mītāwus: [177] Aufgrund seiner starken Trockenheit, es ist das Feuer der Natur. [178] Das dritte ist das Trockenste und am stärkste Brennende von

16 Oder: *min maʿdinihī:* „aus seinem Mineral“; „aus seiner Mine“.

17 Das Relativpronomen kann sich entweder auf den „Gegensatz”, die „verbrennende Natur“ oder die „färbenden Naturen“ beziehen.

ihnen, das Feuer in ihm ist verborgen. [179] Dieses ist es, welches das Werk fest werden lässt, wenn es nicht wäre, würde ihnen überhaupt kein Werk gelingen. [180] Als die Weisen davon erfuhren, mussten sie ihn auftrennen, auseinandernehmen und seine groben, verdorbenen Unreinheiten, die seine Teile umgaben, von ihm abwaschen, um ihn zu färben. [181] Als sie ihn dann aufgetrennt und gereinigt hatten, gemäß dem, was Gott – der Gesegnete und Erhabene – sie von Seinen Geheimnissen gelehrt hatte, wurden seine Naturen ewig. [182] Dann setzten sie ihn unter Zuhilfenahme der Waage der Wahrheit zusammen (*rakkabūhu bi-mizāni l-ḥaqq*) und legten ihn ins milde Feuer, damit sich seine Teile vereinigen und ineinander eintreten und sein Geist und seine färbende Seele nicht von ihrem Körper fliehen. [183] Als sie dann so mit ihm verfahren waren, kam aus ihm das hervor, was das Feuer nicht fürchtet, sich nicht von ihm vertreiben lässt und von da an nie mehr verderben wird.

Marqūnus: [184] Ich bitte dich, Mītāwus, mir die Angelegenheit und Zusammensetzung dieser drei Feuer zu erklären und zu beweisen. Wofür sind sie bei der Zubereitung geeignet und was ist die Eigenschaft und Wirkung eines jeden dieser Feuer?

Mītāwus: [185] So möge der König zu mir heraufkommen.

Marqūnus: [186] Sag und enthülle es mir ohne Missgunst.

Mītāwus: [187] Das erste von ihnen ist das Feuer, das die Weisen das weiße Schwefelige genannt haben. Es wird mit „Hülsenfeuer", „Meersalz", „Seife der Weisen", „Alkali, das als einziges die Saflor-Färbung niedersinken lässt", und vielen [weiteren] Namen benannt. [188] Von ihm habe ich den König gelehrt, dass es das vollständige Werk vollzieht, und dass sie ohne es kein Werk vollbringen könnten. [189] Zu seinen entgegengesetzten Wirkungen gehört, dass es Wässer verfestigt, schwere Körper löst, luftartige Öle bleicht und deren Grobheit, die dem Feuer anhängt, von ihnen trennt. [190] Es macht sie ewig [und] angst- und furchtlos vor dem Feuer, denn das Feuer in ihm ist mild und vernichtend.
[191] Das zweite Feuer wiederum wäscht und reinigt den Körper, es bleicht ihn anschließend und trocknet ihn, denn wenn es nicht in ihm ruhig ist, haftet seine Färbung, die seine Seele ist, nicht an ihm. [192] Das

dritte Feuer aber ist das Feuer der Natur, es ist die Seele des Körpers und seine Färbung. Wenn es nach dem Bleichen, Waschen und Durstigmachen des Körpers nicht mit ausgedehnten Teilen (*mabsūṭata l-aǧzā'*) zu ihm zurückkehrt, wird er es niemals annehmen. [193] Seine Teile [d. h. des Körpers] dehnen sich nur durch den kalten feuchten Geist aus (*tanbasiṭu*), der sie befeuchtet. [194] Dann dehnen sich seine Teile in Feinheit (*bi-laṭāfa*) aus (*tanbasiṭu*) und er trägt sie in seinem Inneren und ist ihnen wie ein Vater, bis er sie in ihrem Körper ausdehnt (*yabsuṭuhā*).[18]

Marqūnus: [195] Was für einen Nutzen hat der Geist?

Mītāwus: [196] Wenn er nicht wäre, würde kein Werk vollbracht werden, denn er trägt die Färbung in seinen Tiefen. [197] Wenn der König nun an meinen Ausführungen zweifelt, so möge er seinen Blick auf die [Textil]-färber richten, wie sie die Pflanzenfarben im Wasser extrahieren, sie anschließend auf die Kleider auftragen und diese dann an der Luft aufhängen. [198] Dann trocknet das Wasser und die Färbung verbleibt im Kleidungsstück, nach Maß der Farbe in ihm und der Qualität seiner Anfertigung.

Marqūnus: [199] Ich habe verstanden. Berichte mir nun, was mit diesem Körper geschieht, nachdem sich sein Geist und seine Seele verfestigt haben.

Mītāwus: [200] Ihr führt ihm einen Teil seiner Seele und seines Geistes zu.

Marqūnus: [201] Mit oder ohne Zerreibung?

Mītāwus: [202] Der König hat nach etwas gefragt, was die Weisen nur widerwillig enthüllen, doch kann ich nicht umhin, Euch zu antworten. [203] Wisset, dass er ohne Zerreibung zerrieben wird. Über ihn wird dieses gefärbte Wasser gegossen, er wird beiseite gestellt und löst sich dann [darin].

Marqūnus: [204] Wie lange dauert seine Lösung?

---

18 Die Verben und Partizipien der Wurzel *b-s-ṭ* in diesem Abschnitt können statt mit „ausdehnen" auch im Sinne von „erfreuen" übersetzt werden.

Mītāwus: [205] Er löst sich im Laufe eines vollständigen Tages auf.

Marqūnus: [206] Und was wird mit ihm gemacht, wenn er sich gelöst hat?

Mītāwus: [207] Er wird durch das Feuer verfestigt.

Marqūnus: [208] Ist dieses Feuer dem ersten Feuer gleich?

Mītāwus: [209] Nein, es ist etwas stärker als dieses.

Marqūnus: [210] Wieviel beträgt das Maß des Brennstoffs (*al-waqūda?*) in ihm?

Mītāwus: [211] Ein Viertel von dem des ersten Feuers. [212] Wenn er sich dann verfestigt hat, wird ihm ein anderer Teil seiner Seele und seines Geistes zugeführt und er wird weggestellt, damit er sich löst. Die Dauer seiner Lösung beträgt ebenfalls zehn Stunden [213] und danach wird er ebenfalls durch ein drittes Feuer verfestigt.

Marqūnus: [214] Was ist in diesem Zusatz an (...)?

Mītāwus: [215] Durch seine zusätzliche Verfestigung lernt die Verbindung, das Feuer zu bekämpfen und wird auf ihm allmählich angezündet. [216] Wenn es diese Stufe erreicht hat, wird ihm ein anderer Teil seines Geistes und seiner Seele drei Stunden lang zugeführt. [217] Dann wird er verfestigt, wobei sein Feuer um ein Drittel stärker sein sollte, als das dritte Feuer.

Marqūnus: [218] Ist das Feuer in seinem Körper oder weicht es von ihm? [219] Ich hege hierüber Zweifel, von seinem Werk [d.h. des Feuers] hat sich nichts für mich erlöst (?) (*lam yataḫallaṣ lī*), auf das ich mich stützen könnte.

Mītāwus: [220] Es verfestigt sich doch, o König, mit der Seele in seinem Körper, der sich nach ihr sehnt und nach ihrer Begegnung dürstet. [221] Ansonsten würde sich die Seele nicht in den Tiefen seines Körpers ausbreiten (*tanbasiṭ*) und ihn überhaupt nicht färben. [222] Wenn die Ewig-

keit des Geistes und seine Beständigkeit im Körper nicht wäre, würde ihm kein Werk (*ʿamal)* bei der Projektion *(ilqāʾ)* zukommen. Er wäre ansonsten einem Toten gleich, in dem weder Geist noch Gutes ist. [223] Dies ist, wonach der vom Glück begünstigte König gefragt hat.
[224] Dies mag auch der Unterschied zwischen den Weisen und den Unwissenden sein, [225] denn die Weisen waren auf diesen Stein bedacht, so dass sie ihn auftrennten, seinen Geist und seine Seele aus ihm herausholten und beide reinigten und wegstellten. [226] Dann wandten sie sich dem Körper zu. Sie wuschen ihn und reinigten ihn von seinen Unreinheiten und seinem Schmutz, weißten und bleichten ihn dann, auf dass er bereit sei zur Aufnahme der Färbung, die sein Speichel, seine Seele und sein Geist ist. [227] Als sie dann beide zusammenbrachten, haftete sie an ihrem Körper und der Körper haftete an ihr und ein jeder der beiden freute sich an der Begegnung mit seinem Gefährten und ging mit ihm eine ewige, unverderbliche Bindung ein. Keiner der beiden trennt sich jemals von seinem Gefährten. [228] Dies ist, wonach der König gefragt hat.

Der König [*Marqūnus*] sprach: [229] Mītāwus, was deinen Vergleich der beiden mit der Färbung der [Textil]färber angeht, [230] so habe ich, als ich darüber nachdachte, befunden, dass die Luft das, was an Feuchtigkeit des Wassers in dem gefärbten Kleid ist, hinweg nimmt. Daher zweifelte ich.

Der Weise [d.h. *Mītāwus*] sprach: [231] Der König war geschickt, hat gut nachgedacht und freundlich nachgefragt. [232] So soll der König wissen, dass die Färbung nur im Kleid fixiert wird, wenn etwas von der Substanz des Wassers bei ihr ist, was sie festhält und nicht mehr loslässt, bis das Kleid abgetragen ist. [233] Wenn jene feine, verbundene Substanz nicht wäre, so wäre die Färbung in ihm nicht ewig.

Marqūnus: [234] Unterrichte mich davon anhand eines Beweises, den du mir erläuterst.

Mītāwus: [235] So sei es. Der Beweis dafür ist [Folgender]: Die Erde wird vom Wasser rot gefärbt und erwärmt, dann wird sie herausgeholt und ist zu Ton geworden. [236] Aus ihm wird ein Gefäß gefertigt und getrocknet. Anschließend wird es gebrannt und aus dem Feuer hervorgeholt. Es trägt das Wasser und bewahrt das, was in es hineingegeben wird. [237] Ohne das, was von dem Feinen des Wassers in ihm wohnt, würde es das Wasser überhaupt nicht tragen und das, was ich erwähnt habe, würde nicht in ihm bleiben.

Marqūnus: [238] Du hast ein sehr gutes Gleichnis vorgebracht, Mītāwus, und den Zweifel, den ich hegte, von mir genommen. [239] Ich hätte es gerne, dass du mir etwas zu diesem Körpers erklärst, der an seiner Seele und seinem Geist haftet und weggestellt wird. Was wird danach mit ihm gemacht?

Mītāwus: [240] Ihm wird ein Teil seiner Seele und seines Geistes zugeführt und er wird weggestellt, damit er sich löst. Die Dauer seiner Lösung beträgt einen halben Tag. [241] Dann wird er verfestigt und das Maß seines Feuers bei der Verfestigung soll um die Hälfte höher sein als jenes des vierten Feuers. [242] Dann wird [das Feuer] ihm drei Tage lang entzündet, wobei ihm das Feuer alle drei Stunden, die von diesen [Tagen] vergehen, um jeweils die Hälfte verstärkt wird. [243] Danach wird er aus seinem Gefäß genommen und in ein Gefäß aus Gold oder grünem Edelstein gelegt. [244] Er ist sodann vollendet und muss nur noch mit anderem vermischt werden. [245] Er ist die bleibende, strahlende, ewige Färbung der Wahrheit, der das Feuer keinen Schrecken bereitet, die das Vergehen und Verderben nicht fürchtet und die im Laufe der Tage nur an Güte, Durchdringungskraft und Färbekraft zunimmt.

Marqūnus: [246] Mītāwus, ich habe dir beim Licht der alles umgebenden Ersten Ursache geschworen. [247] Ist dies [nun] das große Geheimnis, für das Gott – Mächtig und Erhaben ist Er – Diener und Hüter eingesetzt hat, damit sie es unter Seinen Geschöpfen an jene weitergeben, die es verdienen, während Er [es] jenen verwehrt, die nicht zu den Seinen gehören, [248] und [um dessen willen] die meisten Menschen in Bedauern und aus Trauer über sein Entrinnen zugrunde gingen? [249] [Seine] Missgunst hat Qaydarūs daran gehindert, es mir mitzuteilen, aus Geiz und um es für sich zu bewahren, ließ er es bei sich verbleiben.

Mītāwus: [250] Ich habe Euch bei dem geschworen, bei dem auch der glückliche König geschworen hat und habe es ihm nicht aus Geiz vorenthalten. [251] Es war [mir] eine Ehre, den König im Geheimen und in Zurückgezogenheit (*ḫalwa*) davon zu unterrichten. [252] Ich bitte ihn, es nicht im Rahmen dieses Gesprächs (*mudākara*) zu erwähnen, damit seine Angelegenheit [d.h. des Geheimnisses] nicht verkannt werde. [253] Der vom Glück begünstigte König bestand nur auf dessen Erwähnung in diesem Buch, auf dass das Geheimnis darin durch diejenigen vollbracht werde, die einen klugen Blick darauf zu werfen wüssten (*aḥsana n-naẓara fīhi*). [254] Dies ist nur Ausdruck seiner Freundlichkeit zu den Menschen, die nach ihm kommen. [255] So erwähne ich es und verberge es nicht.

Marqūnus: [256] Sag über ihn, was du meinst.

Mītāwus: [257] Er ist der teure Wohlfeile, der sich im Unrat und auf den Misthaufen befindet, mit dem die Frauen und Kinder spielen und der mit den Füßen gedroschen wird. [258] Nur durch ihn wird das Werk richtig. Er ist das Geheimnis der Geheimnisse, von ihm kommt das Heil. [259] Wenn der König ihn nicht der Verbindung zuführt, wird sie überhaupt keinen Nutzen haben. [260] Er ist das schädliche Raubtier,[19] der dritte Salmiak, das offenkundige Salz der Häuser, der schädliche Hund, abgebildet auf einem Fass in der Gestalt eines roten Raubtiers mit dem Bild eines weißen Vogels auf seinem Schenkel.

Marqūnus: [261] Berichte mir von dem Ort, an den sich Qaydarūs zurückgezogen hat, ohne ihn mir zu mitzuteilen. [262] [...] (?) über den Körper von der Seele und dem Geist. Welche Stufe des Verfahrens ist es?

Mītāwus: [263] Er ist an einem Ort, den er erwähnt hat. [264] Er nahm die Hefe, denn wenn er die Hefe dem Körper zuführt, von der Seele und dem Geist, welche – nachdem sie gesiebt worden waren – [nun] die beiden gereinigten Leuchtenden sind, um beide zu verfestigen, führt sie ihm von diesem Stein zu, was beiden dienlich ist.

Marqūnus: [265] Wieviel beträgt dessen Menge, Mītāwus?

Mītāwus: [266] Die Hälfte des Steins oder ein Drittel oder ein Viertel von ihm. [267] Dies ist das ganze Geheimnis und der Abschluss der Sache.

19 Alternative Lesart zu *sabʿ*: *subʿ* „Siebentel".

Marqūnus: [268] Jetzt habe ich verstanden. Gott möge dich belohnen.

Mītāwus: [269] Qaydarūs hat in allem, was er gesagt hat, recht gesprochen.

Marqūnus: [270] Verbleibt noch etwas von euren Geheimnissen, was ihr mir enthüllt?

Mītāwus: [271] Ja. Wenn das feurige Wasser dem Körper zugeführt wird, ist es im Gleichgewicht, und auch der Körper ist nach der Auftrennung im Gleichgewicht. [272] Was von beiden fehlt, das füllt mit dem feurigen Wasser auf, denn die Verbindung trocknet, so dass die Wässer in ihr schwinden. Daher gibt man ihr [davon] hinzu, soviel [ihr] entzogen wurde. [273] Dies gehört zu ihren Geheimnissen.

Marqūnus: [274] Qaydarūs, wenn das Verfahren der Seele abgeschlossen ist, was wird dann mit dem Körper gemacht?

Qaydarūs: [275] Er wird mit dem Wasser seines Geistes gewaschen, das aus seinem weißen Körper zusammengesetzt ist, welchen die alten Philosophen das „Feuer der Natur“ und das „weiße Rosenwasser“ nennen. Dieser ist es, der sich nur mit dem feurigen Gift mischt. [276] Ihr führt ihn dem toten schwarzen Körper zu, dem seine Seele entzogen wurde. [277] Sie ist durch [ihre] Sublimation von ihm gegangen, so dass sie nach ihrer Röte (*ḥumūra*) rein, ewig und weiß wurde.

Marqūnus: [278] Ist ihre Färbung von ihr gegangen, oder wie geschah dies, Qaydarūs?

Qaydarūs: [279] Wenn die Färbung von ihr gegangen wäre, so wäre sie vollständig gegangen. [280] Doch als sie sich löste und von ihrer Unreinheit reinigte, verschwand die Färbung von ihr und sie wurde äußerlich (*fī n-naẓar)* weiß und innerlich (*fī l-maḫbar)* rot.

Marqūnus: [281] Wie kann ich dies durchführen, um nicht daran zu zweifeln?

Qaydarūs: [282] Führt ihr etwas vom feurigen Gift zu.

[*Marqūnus:* …?]

Qaydarūs: [283] Die Menge der Hälfte eines Neuntels von ihnen. So kommt sie [in ihrer] alt[en Farbe] (*ʿatīqa*) hervor, rot in der Farbe des Blutes.

Marqūnus: [284] Wird das Öl, das von der Seele getrennt wurde, der Bleiche zugeführt, so dass es zu einem reinen weißen Korn (?) (*ḥabba*) wird?

Qaydarūs: [285] Nach Vollzug der Weisheit und Vollzug dieser Stufe wird es ihm – ich meine, dem schwarzen Körper – mit dem feurigen Gift, das ich dir gegenüber erwähnt hatte, zugeführt. [286] Das Maß dessen, was ihm davon zugeführt wird, ist das Gewicht des feurigen Gifts, man sagt auch, die Hälfte eines Achtels. Welches der beiden Gewichte ihm auch zugeführt worden sein mag, es hat ihm nicht geschadet und war gut und zuträglich für das Werk. [287] Dann wird er mit dem weißen Rosenwasser übergossen und in den Pferdebauch gelegt. [288] Er fault einen Tag lang, wird am folgenden Tag gerieben (*yuʿraku*), am dritten Tag zerrieben (*yusḥaqu*) und für die Dauer einer viertel Mondsichel in sein Bad und seinen Aufenthaltsort zurückgegeben. [289] Danach wird er herausgeholt und das Wasser mit dem, was in ihm ist an Schwärze und Schmutz, wird von ihm abgegossen, es wird dann gesammelt und verwahrt. [290] Das Wasser hat kein Gewicht, doch die Menge dessen, was von ihm auf dem Körper sein soll, ist soviel, wie über drei Finger fließt. Dies wird sechs Mal wiederholt, höchstens acht Mal. [291] Er wird dann weiß wie Schnee sein, des Staubes und des (…) entblößt. [292] Wenn er diese Stufe erreicht hat, wird er in den Uṯāl gegeben und auf das Bleichungsfeuer gesetzt.

Marqūnus: [293] Was ist das Bleichungsfeuer?

Qaydarūs: [294] Ein starkes, trockenes Feuer, das die Weisen diesem Uṯāl jeden Tag um eine Stufe erhöhen.
Marqūnus: [295] Wie lange soll er im Feuer bleiben?

Qaydarūs: [296] Eine viertel Mondsichel [lang]. [297] Ein Volk der Unwissenden, o König, ging davon aus, dass die Philosophen ein anderes Feuer als dieses meinten und es nur mit diesem Namen bezeichneten.

Marqūnus: [298] Davon habe ich gehört. Ich hätte gerne, dass du mich in zutreffender Weise davon unterrichtest.

Qaydarūs: [299] Bei Gott, die Weisen haben allein dieses Feuer, das ich dem König beschrieben habe, als Uṯāl-Feuer bezeichnet. [300] Wenn dieses Feuer nicht wäre, würde dieser Körper nicht aufsteigen und nicht (...). [301] Sieht der König denn nicht, dass das Verfahren der Weisen dem Verfahren der Natur ähnlich ist, dass sie auf dem Feuer die Körper hochtreiben (*yuraḫḫimūna*) und die Geister festigen und sie [somit] gegensätzlich zu dem machen, was sie zuvor waren? [302] Zu diesem Zweck haben sie die Körper gelöst und die Geister verkörpert. [303] Wenn das, wovon ich dich unterrichtet habe, nicht wäre, würde nichts vom Verfahren dieser Kunst jemals vollbracht werden.

Marqūnus: [304] Wenn er zum Bogen[20] des Uṯāl aufgestiegen ist, was wird dann mit ihm gemacht?

Qaydarūs: [305] Wenn es dazu kommt, wird etwas von der aufsteigenden Asche herausgeholt. [306] Ihre Farbe ist von reinem Weiß, wie die Feilspäne gebrannten Silbers, während die Farbe der unteren Asche rötlich ist, den Feilspänen roten Kupfers gleich.

Marqūnus: [307] Was wird mit ihr gemacht, Qaydarūs? Wird sie dem Werk zugeführt oder nicht?

Qaydarūs: [308] Nein, sie wird vielmehr weggeworfen (*yuṭraḥu*).[21] Sie

20 Gemeint ist wahrscheinlich die oberste Wölbung des Uṯāl (vgl. RUSKA 1924b, 87).

21 *aṭ-ṭarḥ* bezeichnet auch die Projektion des Elixiers, so dass die Asche gemäß der griechischen Konzeption vom Streupulver (ξηρίον) theoretisch als Elixier aufgefasst werden könnte und das Verb als nicht als „wegwerfen" sondern als „aufstreuen" zu übersetzen wäre (vgl. ULLMANN 1972, 258f). Die Folgesätze legen jedoch nahe, dass nicht die Asche, sondern der färbende Geist hier die Funktion des Elixiers innehat. Da in dem von Qaydarūs beschiebenen Verfahren zudem bereits das feurige Gift als Elixier wirkt, erscheint es wenig sinnvoll, die Asche des geweißten Körpers als ξηρίον aufzufassen.

brauchen sie nicht, denn die Feinheit des Färbenden, der ihr Geist ist, ist bereits von ihr gegangen. [309] Die Weisen haben diesen mit vielen Namen benannt, ich werde dir hier einige davon nennen: [310] Sie haben ihn als „weiße Schwefelige“ bezeichnet, als „Chrysokoll“, (...), „hoher Saturn auf den Sphären“, „Wohlriechender der Weisheit“, „Siegeskranz“, „Fixierer der Färbungen“, „Staub“, „Geist des Kupferbrands“, „Kalk“, (...), „Wind, der sich in Feuer kleidet“, „weiße Ašqūriya“, „trockener Dunst“ und mit vielen anderen Namen, die nicht vornehmlich erwähnt wurden. [311] (...) daher war es ihr Wille, die Unwissenden zu verwirren, auf dass sie nicht rechtgeleitet würden, zu dem, was sie [d.h. die Weisen] vom Geheimnis dieses edlen Steins dargelegt hatten. [312] Sie bemühten sich darum, dass es nur jemand mit ausgeprägter Einsicht und Verständigkeit erkenne. [313] Auf all das, wonach sie ihn mit diesen Namen benannt hatten, haben sie hingewiesen und die Verständigen zu ihm geleitet.

[314] Wenn er nun diese Stufe erreicht hat, ist das Verfahren seiner Hälfte abgeschlossen. [315] Danach muss er sich mit seiner Seele vermählen und von seinem Geist befruchtet werden, damit seine Angelegenheit vollendet wird. [316] Daher wird ihm etwas von seiner ewigen Seele und seiner strahlenden Färbung zugeführt, soviel, wie ihm genügt. [317] Er wird behutsam und wohlwollend zerrieben und eine viertel Mondsichel lang in den Pferdebauch gelegt (... ...), etwas anderes genügt ihm nicht. Die Menge dessen, was ihm von seiner Seele zugeführt wird, ist ein Drittel seines Gewichts. [318] Eine andere Gruppe von Weisen war der Ansicht, dass ihm weniger als das zugeführt werden solle, es ist jedoch geringfügig. [319] Dann wird er herausgeholt und muss mit genauso viel von seiner Seele zerrieben werden, wie ihm zugeführt wurde. Dann wird er an seinen ersten Ort zurückgelegt und in ihm solange wie beim ersten Mal eingesperrt. [320] Er schließt wohlwollend und behutsam einen Bund (*yataʿāhadu*) (?) (... ...) aus seinem Gefäß. [321] Sein Wasser und seine Feuchtigkeit sind bereits getrocknet [und] sein oberer Teil weist Risse auf (*mušaqqaq al-aʿlā*) (?). [322] Seine Farbe ist bei dieser Stufe grau, obgleich die Herrschaft der Schwärze ihn zum größten Teil dominiert. [323] Dann wird er ebenfalls mit einem Teil seines Öls zermahlen, das Maß dieses Teils ist dasselbe wie beim Teil zuvor. [324] Er wird in den Pferdebauch zurückgelegt, wohlwollend und behutsam, bei milder Hitze. Die Dauer seines Aufenthalts entspricht jener beim ersten Mal. [325] Danach

wird er behutsam seinem Gefängnis entnommen und seine Angelegenheit ist vollendet.

Die Abhandlung des Qaydarūs ist beendet, mit dem Lob Gottes, des Erhabenen,
und seiner vorzüglichen Hilfe.
Gott segne unseren Herrn und Schutzherrn Muḥammad sowie seine Familie
und seine Gefährten und gebe ihnen Heil.

2 Kommentar

2.1 Konzeption des Dialogs

2.1.1 Incipit und Herkunftslegende

Die *R. al-ḥakīm Qaydarūs* beginnt gemäß der Hs. ب mit einem in der arabischen alchemistischen Literatur allgemein verbreiteteten Hinweis auf die besondere Deutlichkeit und Verständlichkeit des Textes, der offenbar dem Vorurteil der Unverständlichkeit und Dunkelheit alchemistischer Schriften entgegenwirken soll (§ 1).[1]

Mit der Verortung des Urspungs der *Risāla* in einem Tempel (§ 2) folgt ein weiterer *topos* geheimwissenschaftlicher Literatur, der sich sowohl im altägyptischen Schrifttum als auch bei den griechischen Alchemisten findet und in zahlreichen Schriften der arabischen Alchemie wieder aufgegriffen wird.[2] Sofern die in Hs. أ angegebene Bezeichnung (دراسدس) keinen fiktiven Tempel meint, liegt hier offensichtlich eine Verschreibung vor, möglicherweise von „Sarapis" (Σάραπις > سرابيس ?), so dass *haykal d-rās-d-s* das alexandrinische Serapeum bezeichnen könnte, das als Zentrum alchemistischer Studien im hellenistischen Ägypten galt und auch

1 Vgl. Kap. 2.2.2.1. Auch Krates weist in seinem Buch eingangs darauf hin, dass bislang keine deutlichere und klarere Schrift (أنور منه ولا أوضح) zu seinem Thema verfasst worden sei (BERTHELOT 1967 III, ٣). Auf ähnliche Weise heben auch Ibn Umayl im *K. al-Mā'* (STAPLETON et al. 1933, 16) und Ǧābir im *K. al-Mulk* und im *K. ar-Raḥma aṣ-ṣaġīr* (vgl. v. LIPPMANN 1919, 364) die Klarheit ihrer Werke hervor.

2 Ägyptische und griechische Texte, die sich des Motivs eines ägyptischen Tempels als Fundstätte bedienen, sind z.B. das altägyptische Totenbuch, eine im Londoner medizinischen Papyrus überlieferte Isisbeschwörung (LEIPOLDT/MORENZ 1953, 28), verschiedene griechische Rezeptbücher zur Alchemie (v. LIPPMANN 1919, 279) und die *Physika kai Mystika* Ps.-Demokrits (v. LIPPMANN 1919, 33f.; VERENO 1992, 90f). Zu den arabischen Texten, die diese Tradition fortführen, gehören die hermetischen Schriften *ar-Risāla al-ma'rūfa bi-l-falakīya al-kubrā* (VERENO 1992, 180f; im Folgenden abgekürzt als *R. al-falakīya*) und *R. Qabas al-qābis fī tadbīr Harmis al-Harāmis* (SIGGEL 1937, 289), das Kratesbuch, Ibn Umayls *K. al-Mā'* (STAPLETON et al. 1933, 1f.) und das pseudoaristotelische *Sirr al-asrār* (FORSTER 2003, 32). Anders als in den hermetischen Schriften findet im hier edierten Dialog jedoch keine allegorische Ausschmückung der Herkunftslegende durch mythische Figuren oder deren Standbilder im Tempel statt.

über eine eigene Bibliothek verfügte.[3] Dafür spricht auch die Verwendung des neutraleren Begriffs *haykal* anstelle des in anderen Herkunftslegenden verzeichneten, ursprünglich koptischen *birbā*.[4] Für das Serapeum wäre die Bezeichnung *birbā* unangebracht, da es sich um einen hellenistischen und keinen altägyptischen Tempel handelt.[5] Zudem wird das Serapeum auch im Kratesbuch als *haykal sarāfīl* bzw. *haykal sarāwandīn* bezeichnet.[6] Der Ausdruck *maktūba fīhi* könnte darauf hinweisen, dass der Text entweder in der Bibliothek des Serapeums oder aber als Inschrift auf Tempelwände oder Stelen niedergeschrieben worden sein soll.[7] Es ist durchaus möglich, dass *ḫaṭṭ al-barisṭī* bzw. *būṭr* dabei nicht auf den Eigennamen eines Schreibers[8] verweist, sondern vielmehr auf eine bestimmte (Geheim-) Schriftart, in der der Text dann dem umayyadischen Kalifensohn Ḫālid b. Yazīd b. Muʿāwiya (gest. 85/704) vorgelegen habe und für ihn gedeutet worden sei (*fussirat*) (§ 3).[9]

3 Vgl. BERTHELOT 1938, 196f. Zur zentralen Bedeutung des Serapis-Kults im hellenistischen Alexandria vgl. V. LIPPMANN 1919, 191f. Neben dem Serapeum von Alexandria existierten im hellenistischen Ägypten noch zahlreiche weitere Serapis-Tempel, die an dieser Stelle ebenfalls gemeint sein könnten (vgl. OTTO 1905-08 I, 115).

4 Vgl. die Fundlegenden des *K. al-Māʾ* und der *R. al-falakīya*. Der Begriff *birbā* bezeichnet in der Regel altägyptische Tempel, wie etwa den Tempel von Dendera in der *R. al-falakīya* (vgl. VERENO 1992, 180f).

5 Vgl. V. LIPPMANN 1919, 191f. Die synkretistische Gottheit Sarapis sollte im hellenistischen Ägypten griechischen und ägyptischen Kultus vereinigen (zu Sarapis s. OTTO 1905-08 I, 11–16).

6 BERTHELOT 1967 III, ٢ f; 45f. Nach RUSKA (1924a, 14, Anm. 1) steht *sarāfīl* für „Sarapis" und *sarāwandīn* für „Sarapieion".

7 Vgl. Zosimos' Hinweis, die Alten hätten „die Verfahren im Dunkel der Heiligtümer auf Stelen in symbolischen Charaktären eingemeißelt" (RUSKA 1926, 19). Tatsächlich kamen bei der Zerstörung des Serapeums von Alexandria im Jahr 391 n. Chr. mit Hieroglyphen bedeckte Innenwände des Tempels zum Vorschein (CHUVIN 1990, 67).

8 Als Eigenname aufgefasst könnte Buṭr hier unter Umständen für den ägyptischen Alchemisten Buṭrus al-Iḫmīmī (2. Hälfte des 9. Jh.) stehen (vgl. SEZGIN 1971, 274; dieser ist nicht identisch mit ʿUṯmān b. Suwayd al-Iḫmīmī, in dem PLESSNER (1975, 130) den Verfasser der *Turba philosophorum* sieht). Damit würde sich die Herkunftslegende jedoch selbst als ahistorisch ausweisen, da der Text eines Alchemisten des 9. Jh. nicht von Ḫālid b. Yazīd rezipiert worden sein kann.

9 Vgl. das Motiv der in ägyptischen Tempeln in Hieroglyphen verfassten alchemistischen Schriften bei Ibn Waḥšīya (V. LIPPMANN 1919, 76). Ibn Umayl bezeichnet diese hieroglyphischen Inschriften als *ḫuṭūṭ bi-l-qalam al-birbāwī* (RUSKA 1936, 314). Parallel zu der Herkunftslegende des hier edierten Dialogs ist jene der hermetischen *R. as-Sirr* konstruiert. Darin wird zunächst auf die Geheimschrift, in

Ḫālid b. Yazīd erscheint im *Fihrist* des Ibn an-Nadīm als Förderer der alchemistischen Literatur, der Übersetzungen alchemistischer Werke in Auftrag gab und selbst zahlreiche Schriften und Gedichte zur Alchemie verfasst haben soll.[10] ULLMANN weist darauf hin, dass es sich hierbei um eine Legende handelt, da diese Angaben durch keinen der arabischen Historiker bestätigt werden. Ibn an-Nadīm habe diese Informationen vermutlich verschiedenen, vor allem pseudepigraphen Schriften entnommen, die Mitte des 10. Jh. im Umlauf waren.[11] Ob der Qaydarūs-Dialog dabei zu Ibn an-Nadīms Quellen zählte, ist fraglich, da er diesen nicht im *Fihrist* aufführt.

2.1.2 Rahmenhandlung

Dem eigentlichen Dialog geht eine kurze narrative Einleitung voraus, die den Ort des Gesprächs und die beteiligten Personen benennt (§ 4). Die beiden als *qāṭir* bezeichneten Alchemisten Qaydarūs und Mītāwus kommen in Ägypten beim König Marqūnus zusammen, was einen Empfangssaal[12] als Raum des Gesprächs impliziert, zumal – wie sich dem Titel der *Risāla* entnehmen lässt – noch eine zusätzliche Gruppe von Weisen *(ǧamāʿa mina l-ḥukamāʾ)*[13] zugegen ist, die jedoch keinen erkennbaren Einfluss auf das Gesprächs nimmt. Aus § 5 geht hervor, dass die Zusammenkunft der beiden Alchemisten auf Wunsch des Königs erfolgt, der von

der die angeblich in einem Grabgewölbe aufgefundene *Risāla* abgefasst worden sei, und anschließend auf den Kalifen al-Maʾmūn, dem das Sendschreiben erklärt worden sein soll (*fussirat lahū*), verwiesen (VERENO 1992, 137).

10 Vgl. IBN AN-NADĪM 1871, 354: Ḫālid soll sich der Herausgabe der Schriften der Alten über die Kunst angenommen haben (الذي عني بإخراج كتب القدماء في الصنعة) und der Erste gewesen sein, für den alchemische Schriften [ins Arabische] übersetzt wurden (أوّل من ترجم له [...] كتب الكيمياء). Unter dem Pseudonym Ḫālids sind verschiedene alchemistische Schriften erhalten, darunter diverse Gedichte und Ḫālids Dialog mit dem Mönch Maryānus (s. RUSKA 1924a, 8).

11 ULLMANN 1978, 194. Auch im Kratesbuch wird angeführt, dass Ḫālid das Buch gelesen habe und weiterempfehle (vgl. BERTHELOT 1967 III, ٣٣; 75). Im Gegensatz zu ULLMANN sieht SEZGIN (1971, 120–126) keinen Anlass zum Zweifel an der historischen Authentizität der Angaben über Ḫālids Verbindung zur Alchemie.

12 Vgl. FORSTER 2010, 140: „der arabischsprachige Dialog [...] spielt typischerweise in einem halbprivaten Raum, nämlich im Empfangssaal eines Mächtigen, dem sogenannten *maǧlis*".

13 Hierbei handelt es sich möglicherweise um eine Anspielung auf die *Turba philosophorum*, deren Text im Arabischen als *Muṣḥaf al-ǧamāʿa* bezeichnet wird (vgl. PLESSNER 1975, 19).

ihnen Auskunft über die „Göttliche Kunst“[14] erhalten will. Der Begriff *qāṭir* stellt nach VERENO[15] eine Verschreibung von *nāẓir* dar, der Bezeichnung für Angehörige der höchsten ägyptischen Priesterklasse, so dass es sich bei Qaydarūs und Mītāwus um ägyptische Priester handeln würde.[16]

2.1.3 Personen

2.1.3.1 Qaydarūs

Qaydarūs als vermeintlicher Autor der *Risāla* tritt selbst als Gesprächsteilnehmer im Dialog auf. ULLMANN deutet seinen Namen als arabische Transliteration des griechischen Phaidros, womit hier der Phaidros aus dem platonischen Dialog gemeint sei.[17] Zur Unterstützung dieser These

---

14 *aṣ-ṣanʿa al-ilāhīya* entspricht der griechischen τέχνη θεία (BERTHELOT 1938, 73).

15 Die Bezeichnung *qāṭir* ist nicht, wie RUSKA (1936, 334) irrtümlich vermutet hatte, von *taqṭīr*, dem Verfahren der Destillation, abgeleitet (ULLMANN 1972, 189). VERENO (1992, 330f) gibt an, dass *qāṭir* in den Hss. von Ps.-Masʿūdīs *K. Aḫbār az-zamān* als Variante zu *nāẓir* „Schauender“ verwendet wird. Die *nāẓirūn* sind nach Ps.-Masʿūdī jene ägyptischen Priester, die den Planeten jeweils sieben Jahre lang gedient haben. Als möglichen Ursprung der Bezeichnung *nāẓirūn* führt VERENO die vermutlich aus gnostischem Umfeld stammende Selbstbezeichnung der Mandäer *nāṣorāyē* „Observanten“ an. Außer in dem hier edierten Dialog und im *K. Aḫbār az-zamān* findet sich die Bezeichnung *qāṭir* bzw. *nāẓir* ebenfalls in den beiden von VERENO edierten Hermetica *R. as-Sirr* und *R. al-falakīya* (VERENO 1992, 172f), im *K. al-Māʾ* (STAPLETON et al. 1933, 61) sowie in den *Aḫbār ad-duwal* des Historikers al-Karmānī, der in seinem Kapitel über die Könige des vorsintflutlichen Ägyptens den Begriff *nāẓir* als „Oberpriester“ (*raʾs al-kahana*) definiert (AL-KARMĀNĪ 1992, 201).

16 Bei der obersten ägyptischen Priesterklasse handelt es sich um die Klasse der „Propheten“. Die Ausweisung der Alchemisten als Angehörige dieser Priesterklasse geht auf die hellenistische Tradition zurück, da sich beispielsweise Demokrit und Isis als Propheten bezeichnen und auch Zosimos von den Alten als Propheten und Vertrauten der ägyptischen Könige spricht (VERENO 1992, 97, Anm. 225; OTTO 1905-08 I, 44f; BERTHELOT 1987/88 II, 240). Ob diesem Motiv ein realer historischer Bezug zugrunde liegt, ist zweifelhaft. So weist etwa HAMMER-JENSEN (1921, 3f) darauf hin, dass in den ägyptischen Quellen niemals Priester mit der Alchemie in Verbindung gebracht würden, die „Lehre von den ägyptischen Priestern als den ersten Alchymisten“ sei vielmehr auf Grundlage der ursprünglich griechischen Bewunderung „ägyptischer Weisheit“ konstruiert worden (vgl. auch VERENO 1992, 11).

17 ULLMANN (1972, 156) verweist zudem auf ein Zitat aus dem *K. an-Nahmaṭān* des Abū Sahl b. Nawbaḫt in Ibn an-Nadīms *Fihrist*, wo „der Grieche Qaydarūs aus Athen“ (*Qaydarūs al-yūnānī min madīnat Aṯīnas*, IBN AN-NADĪM 1871, 240f) als geheimwissenschaftliche Autorität aufgeführt wird. SEZGINS (1979, 31) Vorschlag der Identifikation des dort genannten „Qīdrūs“ mit dem athenischen

ließe sich anführen, dass im Phaidros-Dialog wie auch in dem hier edierten alchemistischen Lehrgespräch der Neid als Untugend verurteilt wird (vgl. Kap. 2.2.2.1).[18] Sezgin hingegen liest Qaydarūs als Verschreibung von Tiyūdurus und ordnet die Autorschaft der *Risāla* dem Alchemisten Theodoros zu.[19] Dieser tritt in einem weiteren arabischen Dialog als König und Gesprächspartner des Aras auf,[20] in griechischen Schriften erscheint er als Zeitgenosse von Zosimos und Stephanos.[21] Gegen eine Identifikation von Qaydarūs mit Tiyūdurus würde die gegensätzlich gestaltete Rollenzuweisung beider Figuren in den beiden Dialogen sprechen – hier als Weiser und ägyptischer Priester (*ḥakīm, qāṭir*) und im Gespräch mit Aras als König und Adept. In der Nebenüberlieferung der *Risāla* sind beide Namensformen belegt.[22]

2.1.3.2 Mītāwus

Sezgin identifiziert Mītāwus mit dem Alchemisten und Magier Petesis bzw. Petasios (gr. Ισίδωρος), der als Schüler des Ostanes gilt. In der arabischen Überlieferung sei dessen Name dann zu „Miṯāwas" geworden.[23] Zu Sezgins These passt die charakterliche Darstellung Mītāwus' im Dialog, die sich mit der spätantiken Petesis-Tradition deckt, nach der sich Petesis gegen Neid und Habsucht ausgesprochen und sich durch die Offenheit ausgezeichnet habe, mit der er sein alchemisches Wissen teilte.[24] So hat nun auch Mītāwus im Dialog die Rolle dessen inne, der dem König

---

Astrologen Antiochus hält Gutas (1998, 39, Anm. 21) für wenig wahrscheinlich.

18 Der Neid, heißt es bei Platon, stehe „außerhalb des göttlichen Reigens" (φθόνος γὰρ ἔξω θείου χοροῦ ἵσταται; Hermeias 1997, 228, Anm. 123; Plessner 1975, 17). Ob der Phaidros-Dialog überhaupt in einer arabischen Fassung vorlag, ist unklar, bei Steinschneider (1960, 403) wird er zumindest nicht unter den ins Arabische übersetzten Platonica aufgeführt.

19 Sezgin 1971, 70.

20 Der Dialog trägt den Titel *Muṣḥaf al-Ḥayāt* und wird bei Ibn Umayl im *K. al-Māʾ* zitiert (vgl. Stapleton et al. 1933, 24; 34; 53; 66; 70; 73; Sezgin 1971, 68f). Für Theodoros stehen dort die Namensformen Tiyūdurus und Tūdrus.

21 Sherwood Taylor 1938, 46.

22 as-Sīmāwī führt „Tiyūdurus", al-Ǧildakī „Qaydarūs" und al-Ḥalabī „Qayḏarūs" als Gesprächspartner von Miṯāwus und Marqūnus an.

23 Sezgin 1971, 44f. In der Nebenüberlieferung steht „Mīṯāwus", in Hs. ا „Maqnāwus". Für den Text dieser Edition wurde die Variante der Hs. ب, „Mītāwus", gewählt.

24 Zitiert bei v. Lippmann 1919, 67f.

ohne Neid besondere Geheimnisse enthüllt. Ibn Umayl führt Mītāwus als Autor einer eigenständigen alchemistischen Schrift, der *R. al-ʿuẓmā*, an und benennt ihn als „Oberhaupt der Schauenden" (*raʾs al-qāṭirīn*), so dass Mītāwus entweder als Oberpriester Ägyptens oder auch als Oberhaupt der Priesterschaft eines bestimmten Tempels aufgefasst werden kann (vgl. Anm. 15).[25] Interessanterweise wird auch Petesis bereits im Leidener Papyrus als Priester bezeichnet.[26] ULLMANN schließlich weist darauf hin, dass der Name Mītāwus gemeinhin als Matthäus gedeutet werde, ob diese Zuordnung zuträfe, sei jedoch fraglich.[27]

2.1.3.3 Marqūnus

Dem König Marqūnus bzw. Marqūš werden verschiedene alchemistische Texte zugeschrieben, darunter auch ein Dialog mit dem König Safanǧā, aus dem im *K. al-Māʾ* zitiert wird.[28] Ein bei BERTHELOT[29] ediertes Fragment weist Marqūš als König von Unterägypten (*miṣr*) und Sohn eines abessinischen Königs aus. Da Marqūnus bei den griechischen Alchemisten nicht erwähnt wird, geht RUSKA von einem arabischen Ursprung für die ihm zugeordneten Schriften aus.[30] In all diesen Texten und auch im *Fihrist* wird Marqūnus nun eindeutig als Alchemist dargestellt.[31] Der hier edierte Dialog könnte in diesem Sinne gleichsam als „Vorgeschichte" zu diesen Schriften konzipiert worden sein, in der die Einweihung Marqūnus' in die Geheimnisse der Alchemie geschildert werden soll. Ebenfalls denkbar

---

25 STAPLETON et al. 1933, 61. Vgl. VERENO 1992, 97 Anm. 225. Ein ähnliches Dialogkonzept mit einem Priester als alchemistischem Lehrer liegt der *R. al-falakīya* zugrunde: Der oberste Sonnenpriester Uwīrūs (*raʾs aš-šammāsīn*) weiht Hermes in die Alchemie ein (vgl. VERENO 1992, 36; 164f; 294).

26 BERTHELOT 1938, 169.

27 ULLMANN 1972, 188f. Bei den beiden hier zur Identifikation des Mītāwus vorgeschlagenen Namen fällt deren gemeinsame Semantik auf: Petesis bzw. Ισίδωρος als ‚Gabe der Isis' (LINDSAY 1970, 33) und Matthäus, hebr. *matatyah*, als ‚Gabe Gottes' (vgl. ILAN 2008, 139f).

28 ULLMANN 1972, 179f; STAPLETON et al. 1933, 24; 34f; 63. RUSKA (1936, 334, Anm. 40) fasst den Namen „Marqūnas" als Weiterbildung zu „Marqūš" auf. SEZGIN (1971, 57) liest „Marqūnis", ULLMANN „Marqūnus". BERTHELOT (1967 III, 124) weist darauf hin, dass Marqūš möglicherweise mit Marcus Graecus, dem Verfasser des *Liber Ignium*, identisch sein könnte.

29 BERTHELOT 1967 III, 124.

30 RUSKA 1936, 340.

31 Vgl. IBN AN-NADĪM 1871, 353. Marqūnus steht dort in der Liste der „Philosophen, die über die Kunst sprachen" (*al-falāsifatu llaḏīna takallamū fī ṣ-ṣanʿa*).

wäre, dass es in der alchemistischen pseudepigraphen Dialogliteratur durchaus üblich war, Figuren unter gleichem Namen in unterschiedlichen Dialogen mit zum Teil widersprüchlichen Rollenkonzepten und Identitäten auftreten zu lassen.[32] RUSKA hebt nochmals den seiner Ansicht nach rein fiktiven Charakter der in den pseudepigraphen Dialogen auftretenden Personen hervor, Marqūnus und die „Gestalten", die sich um ihn gruppierten, seien nichts als literarische Figuren, denen jeder historische Hintergrund fehle.[33]

2.1.4 Gesprächsführung

Der Dialog setzt sich zusammen aus abwechselnden Zwiegesprächen zwischen dem König und einem der Weisen, so dass Qaydarūs und Mītāwus zwar übereinander, jedoch nie miteinander sprechen.[34] Die Rollenverteilung von dem König als Fragendem und den Weisen als Antwortenden wird durchgängig eingehalten, wobei die Redeanteile beider Alchemisten über den Dialog verteilt in etwa ausgewogen sind.[35]

Das Verhältnis des Königs zu den Weisen verdeutlicht sich in der Form ihrer Anrede: Während Qaydarūs und Mītāwus den König zumeist in der dritten Person oder mit *ayyuhā l-malik* ansprechen, erweist dieser den Weisen nicht denselben formellen Respekt, da er sie grundsätzlich nur namentlich anredet und nicht etwa mit *ayyuhā l-ḥakīm* oder *ayyuhā l-qāṭir*.[36]

Die Gesprächsführung des Dialogs ist geprägt von der kritisch-hinterfragenden Haltung des Königs, die unter anderem in den inhaltlichen Zweifeln, die er Mītāwus gegenüber formuliert (§ 219; 230) und in seinem Anspruch, die Lehre persönlich nachvollziehen zu wollen (§ 234; 281), zum Ausdruck kommt.

In der zweiten Hälfte des Dialogs kommt es zu einem Privatgespräch des Königs mit Mītāwus in Abwesenheit von Qaydarūs (§ 184–269), wo-

32 Dies beträfe dann auch Qaydarūs, wenn man ihn mit Tiyūdurus identifizierte.

33 RUSKA 1936, 334.

34 Während sich anfangs noch beide Alchemisten zu jeder Frage äußern, kommt es im späteren Gesprächsverlauf zu eher längeren Zwiegesprächen. Sprechen die beiden Weisen übereinander, so in der Regel, um die Aussagen des jeweils Anderen zu bestätigen, derer sich der König vergewissern will (vgl. § 17f; 35f; 89f).

35 Der Titel suggeriert fälschlicherweise, Mītāwus wäre der Gruppe der Weisen gleichgestellt als weitgehend passiver Zuhörer.

36 Dabei fällt auf, dass die Anrede des Königs durch die Weisen in Hs. ا tendenziell informeller gehalten ist als in Hs. ب . Mītāwus gegenüber spricht der König immerhin auch höflich Lob und Dank für dessen Auskünfte aus (§ 238; 268).

bei die vorübergehende Änderung der Gesprächssituation jedoch nur angedeutet wird – durch die Aufforderung Mītāwus', der König möge zu ihm hinaufkommen (*li-yaṣʿada l-maliku ilayya;* § 185) und durch den rückblickenden Hinweis auf den vertraulichen Charakter des vorangegangenen Gesprächsteils (*fī ḫalwatin*, § 251).[37]

2.2 Inhaltliche Analyse

2.2.1 Übersicht zur thematischen Struktur des Lehrgesprächs

§ 5–22	Einleitung: Geheimhaltung des alchemischen Wissens
§ 23–90	Die beiden Steine
§ 39–45	Mītāwus: Verfahren des mineralischen Steins und Geburt des Neugeborenen
§ 46–90	Qaydarūs/Mītāwus: Verfahren des animalischen Steins und Entstehung der Magnesia der Weisen (*taswīd*)
§ 91–108	Die Magnesia der Weisen und das feurige Gift
§ 109–136	Qaydarūs: Die Reinigung der Seele der Magnesia als Geburt des Neugeborenen
§ 137–273	Mītāwus: Die Herstellung des Elixiers durch fünfmalige Lösung und Verfestigung von Körper, Seele und Geist
§ 137–140	Frage nach der Körperlichkeit
§ 140–143	*topos* der Geheimhaltung
§ 144–159	1. Lösung: Körper und Geist werden ein Wasser, Gelbfärbung
§ 160–166	1. Verfestigung, erläutert durch das Gleichnis der Töpfer
§ 167–183	Erläuterung zur Notwendigkeit des Verfahrens des Steins
§ 184–198	Einleitung des Privatgesprächs über die drei Feuer des Steins
§ 187–194	Die drei Feuer
§ 195–198	Der Geist als Träger der Färbung, veranschaulicht am Gleichnis der Textilfärber
§ 199–223	2.-4. Lösung und Verfestigung
§ 224–228	Zusammenfassung zum Verfahrens des Steins
§ 229–238	Zweifel des Königs am Textilfärbergleichnis

37 Auch Qaydarūs' Abwesenheit wird nur angedeutet, indem der König Mītāwus nach dem Ort fragt, an den dieser sich zurückgezogen habe (§ 261; 263). Seine Rückkehr bzw. die Rückkehr der beiden Anderen zum ursprünglichen Gesprächsort wird dann in § 270 durch die Anrede der Weisen im Plural angezeigt (zur Anrede Mītāwus' und Qaydarūs' müsste hier eigentlich der Dual stehen, möglicherweise soll jedoch auch die Gruppe der Weisen mit einbezogen werden).

§ 239–245	5. Lösung und Verfestigung, Abschluss der Elixierherstellung.
§ 246–255	*topos* der Geheimhaltung
§ 256–260	Das Geheimnis: Die scheinbare Wertlosigkeit des Elixiers
§ 261–269	Anmerkung zu Qaydarūs' Rückzugsort und zum Verfahren des animalischen Steins (vgl. § 65; § 78)
§ 270–273	Weiteres Geheimnis: Notwendige Ausgeglichenheit der Naturen von feurigem Wasser und Körper
§ 274–325	Qaydarūs: Weißung des Körpers [der Magnesia] und Rückführung der Seele
§ 274–283	Erläuterung zum Verfahren § 109–136: Schwarzer Zustand des Körpers nach seiner Trennung von der Seele
§ 284–291	Weißung des Körpers durch Zusammenführung mit Öl und feurigem Gift (*tabyīḍ*)
§ 292–308	Sublimation des weißen Körpers im Uṯāl, Entnahme der weißen Asche
§ 309–313	*topos* der Geheimhaltung
§ 314–325	Vermählung und Befruchtung des Körpers mit Seele und Geist (*taḥmīr* ?)

2.2.2 Themen und Intertexte

2.2.2.1 Die Geheimhaltung der Alchemie
(§ 5–22; 48; 140–143; 246–255; 309–313)

Marqūnus' einleitende Frage nach dem Beweggrund der Alchemisten zur Geheimhaltung ihres Wissens veranlasst Qaydarūs, diese umgehend gegen den unausgesprochenen Vorwurf des Geizes zu verteidigen (§ 9). Seine Entgegnung nimmt Bezug auf den *topos* der „Neider" in der alchemistischen Literatur und auf allgemeine Vorwürfe von Alchemiekritikern.[38]

38 Ibn Umayl bezeichnet Alchemisten, die aus Eigennutz bewusst irreführende Lehren verbreiten, als Ṇeider (*al-ḥasada*) und warnt seine Leser vor deren „aus Geiz und Neid" (بخلا و حسدًا) verfassten Schriften (STAPLETON et al. 1933, 31; RUSKA 1936, 329f). In der *Turba philosophorum* benennt Parmenides die Neider als „Betrüger", welche die Alchemie durch ein Übermaß an Decknamen verkomplizierten (RUSKA 1931, 188). Ibn Sīnā als Alchemiekritiker betrachtet die Habsucht als Wurzel der Alchemie (ULLMANN 1972, 252; zur Kontroverse um die Alchemie bei den arabischen Gelehrten des 9. und 10. Jh. s. ULLMANN 1972, 249–255). PLESSNER (1975, 17) sieht in der Tugend der Neidlosigkeit (ἀφθονία; vgl. RUSKA 1931, 290) einen ursprünglich griechischen *topos* und verweist u.a. auch auf das Zitat zum Neid aus dem Phaidros-Dialog (vgl. Anm. 18). Tatsächlich kritisiert bereits Zosimos bestimmte Alchemisten als neidisch (φθονοῦντες) und be-

Mītāwus fügt hinzu, der Beweis für die Neidfreiheit der Weisen sei deren Weltentsagung und Ausrichtung auf das Jenseits (*ad-dār al-āḫira*) (§ 21f).[39] Der Vorwurf, die Alchemisten würden ihr Wissen aus Missgunst geheimhalten, den Qaydarūs und Mītāwus hier zu widerlegen suchen, wird im folgenden Gesprächsverlauf immer wieder aufgegriffen. Vor allem Qaydarūs gegenüber entwickelt der König den Verdacht, er würde ihm aus Neid und Geiz Informationen vorenthalten (§ 106; 249), woraufhin Mītāwus seine eigene Neidlosigkeit und auch die altruistische Haltung des Königs hervorhebt (§ 250; 253f).[40]

Als tatsächlichen Grund für die Verschlüsselung der alchemischen Inhalte führen Qaydarūs und Mītāwus den Schutz des Wissens vor dem von persönlichen Begierden geleiteten *ṭālib aš-šahawāt* an, der das alchemische Wissen verderben würde[41] und der hier als Gegenbild zu den wenigen würdigen Adepten konstruiert wird, die von den Weisen unterwiesen werden (§ 10–13; 309–313).[42] Hierbei wird der Wille Gottes als entschei-

---

schreibt die ägyptischen Priester als eifersüchtig in der Bewahrung ihrer Geheimnisse (BERTHELOT 1987/88 II, 243; V. LIPPMANN 1919, 76).

39 Dieser eindeutig islamische Bezug auf das Jenseits findet sich auch im Maryānus-Ḫālid-Dialog: Das alchemische Wissen entziehe denjenigen, der darin eingeweiht ist, den Mühen des Diesseits und führe ihn dem Königtum des Jenseits und dessen Glückseligkeit (ملك الآخرة ونعيمه) zu (AL-HASSAN 2009, 48).

40 Marqūnus verlangt von beiden Alchemisten mehrmals ausdrücklich, ihm frei von Missgunst unverhüllte Auskünfte zu gewähren (§ 46; 140; 186). Wie hier im Dialog ist dieses Thema auch in der *Turba*, die RUSKA (1931, 290) als zentralen alchemistischen Referenztext zum Neidtopos auffasst, im gesamten Gesprächsverlauf präsent, etwa durch kurze Bemerkungen, wie „Du hast ohne Neid gesprochen, wie es sich geziemt" oder auch durch Apollonios' Vorwurf des Neides gegenüber Theophilus (RUSKA 1931, 195; 210). Dass die Weisen ihr Wissen nicht aus Geiz verschlüsselt haben, wird auch in anderen alchemistischen Schriften, wie dem *K. al-Ḥabīb*, herausgestellt (BERTHELOT 1967 III, ٣٥; 77). In diesem Sinne betont auch die Ḫālidlegende (IBN AN-NADĪM 1871, 354) die Großzügigkeit des Kalifensohns, um diesen von den geizigen Neidern abzugrenzen.

41 Vgl. *R. as-Sirr*: Die Unwissenden (*al-ǧahala*), vor denen das Wissen verhüllt ist, werden als Sklaven der Begierden (*ʿabīd aš-šahawāt*) bezeichnet, die der Erde Verderbnis bringen (مفسدون في الأرض) (VERENO 1992, 156f). *Muṣḥaf aṣ-ṣuwar* (ABT 2007, fol. 50b-51a): فلذلك أكثرت الحكماء أسماءه صيانة له وتخوّفا من أن تطلع عليه العامة فيفسد الدنيا – „Daher vervielfachten die Weisen seine Namen, um ihn zu schützen und aus Furcht davor, dass das gemeine Volk von ihm Kenntnis erlangen könnte und er die Welt verdirbt". *Sirr al-asrār:* Die Verschlüsselung der Geheimnisse soll verhindern, dass diese in die Hände verdorbener Tyrannen fallen (FORSTER 2003, 35f).

42 Auch Maryānus erklärt im Dialog mit Ḫālid, dass die Verschlüsselung der Schrif-

dend für die Weitergabe des alchemischen Wissens herausgestellt (§ 14f), da Gott auch derjenige ist, der den Schutz des Wissens vor Unbefugten veranlasst haben soll (vgl. § 143; 247).[43] Die Betonung der Herkunft der Alchemie aus göttlicher Offenbarung (§ 169; 181) mag hier vor allem auch als Absicherung gegen Vorwürfe der Häresie gedient haben, denen die Alchemie als Geheimwissenschaft möglicherweise ausgesetzt war.[44]

Der *topos* der Geheimhaltung rahmt auch das lange Zwiegespräch des Königs mit Mītāwus ein (§ 140–143; 246–255) und dient hier als spannungssteigerndes Motiv, indem Mītāwus das Gespräch durch seine Bitte um Freistellung von der Enthüllung des Geheimnisses und den Hinweis auf seine Kühnheit dramatisiert (§ 141f).[45] Bemerkenswert ist hier, dass

---

ten der Weisen die Törichten und Ungerechten von diesen fernhalten und die Verständigen (*ahli l-ʿilmi wa-l-fahmi*) auf diese hinweisen solle (AL-HASSAN 2009, 48). Der Hinweis auf die mündliche Weitergabe des alchemischen Wissens in § 13 spiegelt als *mise en abyme* die Situation der drei Gesprächsteilnehmer wider.

43 Vgl. Ibn Umayl, *K. Ḥall ar-rumūz*: وأرجوا [أي الحكماء] أمره [أي التدبير] إلى الله عزّ وجل يعطيه من يشاء ويمنعه ممن يشاء – „And they [the sages] deferred its matter to the exalted God, so that He gives it to whom He wants and withholds it from whom He wants." (ABT et al. 2003, 20f) Maryānus schildert Ḫālid das Wissen um die Kunst als „Wohltat Gottes, des Erhabenen, die Er nach Seinem Willen [nur] Bestimmten unter seinen Geschöpfen zukommen lässt" (رزق من الله تعالى يسوقه إلى من يشاء من خلقه , AL-HASSAN 2009, 47f). Als Gewährender oder Verhüllender des alchemischen Wissens wird Gott auch in der *Turba* (RUSKA 1931, 216; 227; 250), im Kratesbuch (BERTHELOT 1967 III, ٣) und im *Muṣḥaf aṣ-ṣuwar* (ABT 2007, fol. 50b-51a) dargestellt.

44 Die Vorstellung von der göttlichen Offenbarung der Alchemie findet sich bereits im hellenistischen Ägypten und wurde dort auf verschiedene Gottheiten und Propheten aus unterschiedlichen Kulturkreisen bezogen (vgl. HAMMER-JENSEN 1921, 77). In der arabischen Literatur wird dieses Motiv nun im islamischen Sinne fortgeführt, u.a. im *Fihrist* (IBN AN-NADĪM 1871, 351), im Dialog von Ḫālid und Maryānus (AL-HASSAN 2009, 47f), im *Taʿwīḏ* von Ǧaʿfar aṣ-Ṣādiq (RUSKA 1924 b, 91) und im pseudoaristotelischen *Sirr al-asrār* (FORSTER 2003, 35f). Zur „Islamisierung des alchemistischen Gedankenguts" durch die arabischen Alchemisten vgl. auch CARUSI 2000, 474; 488 sowie die Ḫālid b. Yazīd zugeschriebene Alchemistenliste, die mit den alttestamentarisch-koranischen Propheten beginnt, denen Gott das alchemische Wissen offenbart haben soll (RUSKA 1929, 294f).

45 In ähnlicher Weise rühmt sich auch Ibn Umayl, seinem Leser Geheimnisse zu enthüllen, die noch kein anderer muslimischer Alchemist vor ihm ausgesprochen habe (STAPLETON et al. 1933, 58). Vgl. auch Krates: قد جمعت ما لم يجمع أحد مثله من أهل زماننا – „Ich habe zusammengetragen, was niemand unserer Zeitgenossen in ähnlicher Weise zusammengetragen hat" (BERTHELOT 1967 III, ١f) sowie Ǧābir im *K. al-Mulk* (BERTHELOT 1967 III, ٩٤f). Das dramatisierende Motiv des Zugrundegehens im Streben nach der Alchemie (§ 6; 248) findet sich auch in der

Marqūnus und Mītāwus nicht etwa bei Gott, sondern beim „Licht der Ersten Ursache“ schwören, die das höchste Prinzip im neuplatonischen Weltbild darstellt (§ 141; 246; 250).[46]

2.2.2.2 Das alchemische Werk

Die beiden Steine (§ 23–90)

Die Frage nach der Anzahl der Dinge, mit denen die alchemische Kunst vollzogen wird (§ 24) steht ebenfalls am Anfang anderer alchemistischer Dialoge[47] und wird in fast allen im Rahmen dieser Arbeit hinzugezogenen arabischen alchemistischen Texten thematisiert.[48] Angaben zu der hier vor-

---

Turba (Ruska 1931, 124; 197) und bei aṭ-Ṭuġrāʾī, der im 12. Jh. unter den Argumenten der Alchemiegegner anführt: „Weise wie Tore [seien] um ihretwillen erschöpft hingesunken und hätten ihr Leben und Vermögen für sie vergeudet“ (Übers. Ullmann 1972, 252).

46 Die Erste Ursache (πρώτη αἰτία) wird in der arabischen Proklos- und Plotinbearbeitung *K. al-Īḍāḥ fī l-ḫayr al-maḥḍ* (lat. *Liber de Causis*) als „das reine Licht, über dem kein Licht ist“ (النور المحض الذي ليس فوقه نور) beschrieben (Badawī 1955, 9). Fück (1951, 85) weist darauf hin, dass der hellenistische Neuplatonismus den zentralen Teil des philosophischen Hintergrunds der arabischen Alchemie repräsentiert. So bezeichnet auch Ǧābir, der in seiner im *K. at-Taṣrīf* dargelegten Kosmologie das Universum in Form von konzentrischen Kreisen bzw. Sphären darstellt, den ersten, allumfassenden Kreis als „Erste Ursache“ (*al-ʿilla al-ūlā*) (Kraus 1935, 405f; 1986, 139–147).

47 Die erste alchemistische Frage Ḫālids an Maryānus lautet: أمن شيء واحد هو أو من أشياء شتى؟ – „Ist er aus einem Ding oder aus verschiedenen Dingen?“ (al-Hassan 2009, 50). Was mit *huwa* gemeint ist, ist unklar. Leider endet hier al-Hassans Teiledition des Dialogs, so dass nicht ersichtlich ist, ob auch Maryānus’ Antwort der von Qaydarūs entspricht. Auch al-Ḥalabī weist in der Nebenüberlieferung auf die Ähnlichkeit zwischen dem Qaydarūs-Dialog und dem Gespräch Ḫālids mit Maryānus hin (al-Ḥalabī, fol. 125b). Vgl. auch den Beginn des *Tractatus Micreris suo discipulo Mirnefindo*, der lat. Übersetzung des *K. aḏ-Ḏahab*: [...] [*haec pretiotissima ars*] *utrum sit ex una radice, elemento aut via aut ex pluribus* [...] *non tamen exposuisti* [...], *ex uno scilicet vel duobus, vel tribus vel quatuor, vel pluribus: nec ipsum proprio nomine, natura, nec colore magister iuste nuncupasti* (Zetzner 1622, 101) – „Ob [diese höchst wertvolle Kunst] aus einer Wurzel, einem Element und einer Methode oder aus vielen stamme (vgl. Übers. Ullmann 1972, 177f) [...] Jedoch hast du nicht dargelegt [...], ob es aus einem, zweien, dreien, vieren oder mehreren ist und hast jenes, o Lehrer, weder seinem eigenen Namen, noch der Natur und der Farbe nach richtig benannt.“

48 So auch im *Muṣḥaf aṣ-ṣuwar* (Abt 2007, fol. 4a; 190a), im *K. al-Ḥabīb* (Berthelot 1967 III, ٣٤; 76), im *K. al-Māʾ* (Stapleton et al. 1933, 30) und in Ǧābirs *K. ar-Raḥma* (Berthelot 1967 III, ١٣٤ f). Im *K. al-Ḥaǧar* teilt Ǧābir die

gebrachten Theorie der beiden Steine (§ 27; 34) finden sich auch bei Ǧābir, der im *K. al-Mawāzīn aṣ-ṣaġīr* von einem animalischen und einem mineralischen Stein spricht, die beide einem Verfahren unterzogen und dann zusammengefügt werden müssten.[49] Eine Zusammenfügung beider Steine wird hier im Dialog nicht beschrieben, stattdessen bleibt offen, was nach dem Verfahren des mineralischen Steins (§ 39–45) mit dem „Neugeborenen" (*mawlūd)* als Produkt des Verfahrens geschieht. Das Verfahren selbst wird von Mītāwus als symbolische Vereinigung der Geschlechter geschildert, wobei mit dem „weißen, zarten" Weiblichen (*al-unṯā*), das dem mineralischen Stein hinzugefügt werden muss (§ 40; 44), offenbar Quecksilber gemeint ist.[50] Das „Männliche" wiederum könnte entweder für Schwefel oder aber für ein unedles Metall wie Eisen oder Zinn stehen.[51]

Herstellung der Magnesia der Weisen (taswīd) (§ 46–108)

Qaydarūs lässt der Schilderung des Verfahrens des animalischen Steins eine kurze antinomische Beschreibung des Steins vorausgehen, in der auch die verschiedenen farblichen Entwickungsstadien benannt werden, die dieser während des alchemischen Werks durchläuft (§ 51f). Das von beiden Alchemisten beschriebene Verfahren des animalischen Steins weist folgende Schritte auf (§ 46–86):

I) Trennung der Glieder, Verbrennung der Knochen; Reinigung und zweimalige Destillation von Seele und Geist.

IIa) Ein Teil von Seele und Geist wird mit dem verbrannten Knochen in den Pferdebauch gegeben.

IIb) Ein Teil von Seele und Geist wird nach deren Siebung mit Schwefelwasser in den Pferdebauch gegeben.

Alchemisten in verschiedene Gruppen ein (*aṣḥāb al-wāḥid, aṣḥāb al-iṯnayn* etc.), gemäß der Anzahl der Dinge, aus denen ihrer Ansicht nach das Werk bzw. der Stein besteht, wobei er manche Alchemisten zugleich mehreren Gruppen zuordnet. Abschließend bemerkt er dann, alle Zahlen seien zutreffend (Holmyard 1928 I, 18–21; 33).

49 Berthelot 1967 III, ١٣٠ f. Auch im *K. al-Mulk* führt Ǧābir zwei Steine als Grundlage der Kunst an (Berthelot 1967 III, ٩٢).

50 Vgl. Siggel 1951, 35. ar-Rāzī beschreibt das „gute" Quecksilber ebenfalls als „weiß und zart" (*abyaḍa raqīqan*) (Garbers / Weyer 1980, 11).

51 Siggel 1951, 40. Für die möglichen Bedeutungen der weiteren am Verfahren beteiligten Substanzen s. Glossar

IIc) Einem Teil von Seele und Geist wird von dem verbrannten Knochen, Alkalisalz und Alaun zugeführt.

III) Zerreibung von Seele und Geist zu Gummiharz, zur Verfestigung im Irdenen Ort in den Brennofen gegeben.[52]

Das Produkt des Verfahrens ist die Magnesia der Weisen (*maġnīsiyāʾ al-ḥukamāʾ*), eine schwarze, schwere, funkelnde und feste Verbindung (§ 88),[53] die hier offenbar – wie auch bei Demokrit und Olympiodor – die Urmaterie darstellt.[54] Dafür sprechen ihre schwarze Farbe und die Tatsache, dass sie als bleiartig (*razīn*)[55] beschrieben wird. Das Verfahren des animalischen Steins entspricht somit dem der Schwärzung (*taswīd* / μέλανσις), die den Körper unter Einfluss des Elixiers auf seine Ursubstanz reduziert.[56] So wurde die Magnesia durch Zugabe des als „feuriges Gift“ (*as-samm an-nārī*) bezeichneten Elixiers[57] geschwärzt, indem dieses

52 Zu § 75–78 vgl. ein anonymes Dialogfragment bei as-Sīmāwī (1923, ٣٥), das bis auf die Antwort des Weisen exakt dem Wortlaut des Qaydarūs-Dialogs entspricht: قال حكيم لما سأله تلميذه هل قبل التدبير تدبير؟ قال نعم تدبير وليس بتدبير. قال فما هو؟ قال إرسالك الماء على الأرض واستنباطه منها – „Ein Weiser sprach auf die Frage seines Schülers hin, ob es ein Verfahren vor dem Verfahren gäbe: Ja, ein Verfahren, das kein Verfahren ist. – Was ist es? – Dass du das Wasser auf die Erde schickst und dass es von ihr entdeckt (?) wird.“

53 Bei der Magnesia, die auch im *K. Sirr al-ḫalīqa* als „harter, schwarzer Stein“ (Weisser 1980, 112) beschrieben wird, handelt es sich nach ar-Rāzī um einen Begriff für die Manganoxide (Ruska 1937, 43). Die Bezeichnung der alchemischen Ursubstanz mit dem Namen des schwarzen Minerals Magnesia wird von Qaydarūs in § 94f auf ein allgemeines alchemistisches Benennungsprinzip zurückgeführt, nach dem Substanzen mit den Namen anderer Substanzen bezeich net werden, die deren Farbe oder Aggregatzustand teilen. Auf dasselbe Benennungsprinzip wird auch im *K. al-Māʾ* (Stapleton et al. 1933, 25: سمّوه بكل أسود – „Sie benannten ihn nach allem Schwarzen“), bei Krates (Berthelot 1967 III, ٢٦; 69.) und im *Muṣḥaf aṣ-ṣuwar* (Abt 2007, fol. 51r) verwiesen. In der *R. as-Sirr* entsteht die Magnesia der Weisen durch die Vereinigung des Königs mit einer seiner Frauen (Vereno 1992, 147).

54 Demokrit und Olympiodor sprechen von „unserer Magnesia“ als der Urmaterie (v. Lippmann 1919, 341), die Bezeichnung *maġnīsiyāʾ al-ḥukamāʾ* könnte somit dahingehend aufgefasst werden, dass hier ein arabischer Autor über die Magnesia der griechischen Alchemisten (*al-ḥukamāʾ*) spricht.

55 *ar-razīn* gilt als Deckname für Blei (Siggel 1951, 40), das im Prozess der Metalltransmutation die Urmaterie symbolisiert (vgl. Berthelot 1987/88 II, 262).

56 Vgl. Ullmann 1972, 259; 262. *as-sawād* steht dabei für die Ursubstanz (vgl. § 96; 99).

57 *as-samm an-nārī* wird von Siggel (1951, 42) als einer der Decknamen des Elixiers aufgeführt. Zu dessen Charakterisierung in § 103f vgl. *K. al-Māʾ*: والتي تميت

das Öl in ihr tötete.[58] Diese Auskunft über die Zugabe und Wirkung des Elixiers im Verfahren der Schwärzung erhält der König jedoch nur von Mītāwus. Qaydarūs erwähnt das feurige Gift weder in seiner Schilderung des Verfahrens noch auf Marqūnus' Nachfrage nach der Ursache der Schwärzung hin, was das Misstrauen des Königs erweckt (§ 96–108).

Reinigung und Trennung der Seele vom Körper der Magnesia (§ 109–136)

Das von Qaydarūs geschilderte Verfahren ist in drei gleichförmige Abschnitte unterteilt, die jeweils der Herstellung eines „Bruders" *(aḫ)* dienen (I. § 109–123; II. § 124–131; III. § 132–136).[59] Durch die abschließende Destillation der drei Brüder entsteht das „Neugeborene" (*al-mawlūd*), das als die Färbung *(ṣibġ)* und vollkommen gereinigte Seele der Magnesia[60] bezeichnet wird (§ 117f; 136).[61] Hier könnte durchaus dasselbe „Neugeborene" gemeint sein, das auch aus dem Verfahren des mineralischen Steins hervorgegangen ist (§ 42; 44).[62]

Weißung des Körpers (tabyīḍ) und Rückführung seiner Seele (§ 274–325)

Qaydarūs setzt seine Beschreibung des alchemischen Werks im letzten Teil des Lehrgesprächs nach Mītāwus' Schilderung der Elixierherstellung

---

هي تحيي والذي ذهب بالصبغ هو يظهره (Berthelot 1967 III, ٢٤; 66f) „Diejenige, die tötet, ist diejenige, die belebt und derjenige, der die Färbung weggenommen hat, ist derjenige, der sie [wieder] zum Vorschein bringt." Auch Ostanes schildert das „Göttliche Wasser, das Blei in Gold verwandelt" als zugleich tötend und belebend (τὰ νεκρὰ ἀνιστᾷ καὶ τὰ ζῶντα νεκροῖ) (Berthelot 1987/88 II, 262). Muslimischen Rezipienten dieser Tradition dürfte auch die Parallele zu den beiden „Schönen Namen" Gottes *al-muḥyī* und *al-mumīt* (vgl. Gardet 1960, 716) aufgefallen sein.

58 Das Öl (*duhn*) wird hier als farbtragende Substanz dargestellt, durch dessen Entzug die Magnesia farblos bzw. schwarz wurde. Es würde somit dem sogenannten „färbenden Geist" (πνεῦμα βαπτικόν) entsprechen, von dem nach alchemistischer Vorstellung die Farbe der Metalle herrührt (v. Lippmann 1919, 39; Lindsay 1970, 111f; vgl. Ruska 1937, 36).

59 Jeder dieser drei Abschnitte weist jeweils sechs Schritte auf: 1. Zermahlen des Körpers, ggf. mit einer neu hinzugefügten Substanz; 2. Zuführung von Schwefelwasser; 3. Austritt der Seele im Pferdebauch; 4. Abkühlen und Vermeidung der giftigen Ausdünstung; 5. Sieben; 6. Wegstellen über Nacht und Vermischung mit den übrigen Brüdern.

60 Dass die Magnesia der Weisen aus Seele, Geist und Körper zusammengesetzt ist, wird im *Muṣḥaf aṣ-ṣuwar* erwähnt (Abt 2007, fol. 107b).

fort, eingeleitet durch einen erläuternden Rückblick auf die Reinigung der Seele, die den Körper nach ihrem Aufstieg schwarz und tot zurückließ, während sie selbst sich weiß färbte und ihre ursprüngliche Röte nur in ihrem Inneren bewahrte (§ 276f; 280).[63] Anschließend wird dem König das Verfahren der Weißung des Körpers (*tabyīḍ* / λεύκωσις) beschrieben. Dabei fault der Körper nach Zugabe von Öl, feurigem Gift und weißem Rosenwasser im Pferdebauch, bevor er wiederholt im Bad gereinigt wird (§ 284–291). Um den nun schneeweißen Körper den Geistern gleich zu machen, wird dieser dann im Uṯāl sublimiert und in Form der aufsteigenden weißen Asche entnommen (§ 292–306).[64] Nach einem Einschub zur Geheimhaltung und den Decknamen des färbenden Geists der Asche, der hier auch als „Edler Stein" bezeichnet wird (§ 308–313), folgt dann die Schilderung der abschließenden Vermählung mit der Seele und der Befruchtung durch das Öl (§ 314–325). Im Pferdebauch vermählt und befruchtet werden soll offenbar der Körper, obgleich dieser im Text nicht ex-

---

61 Im *K. al-Māʾ* wird die Entstehung des *mawlūd* ebenfalls als Destillation geschildert. Dort heißt es, die Geburt des Kindes erfolge im oberen Teil der Kuppel (*aʿlā l-qubba*), die nach Ibn Umayl den Alembik (*al-anbīq*) bezeichnet. Zuvor sei die Empfängnis des *mawlūd* im unteren Teil des Gefäßes, dem „Bauch des Kürbis" (*baṭn al-qarʿa*), erfolgt (Stapleton et al. 1933, 37; Vereno 1992, 226). Dieser Phase entsprächen hier die Aufenthalte der „Brüder" im Pferdebauch.

62 Die bis hierher im Dialog geschilderten Verfahren weisen eine ähnliche Reihenfolge auf wie bei Ibn Umayl, der sich im *K. al-Māʾ* beim Ablauf des alchemischen Werks an der *R. as-Sirr* orientiert hat: Aus der Vermählung des Männlichen mit dem Weiblichen entsteht die Magnesia der Weisen, die dem schwarzen Zustand entspricht. Anschließend kommt es zur Hinzufügung der drei „Schwestern" und zur Destillation (Vereno 1992, 222).

63 Denselben Hergang beschreibt auch Stephanos: Bei der Trennung der Seele vom Körper stirbt der sich zersetzende Körper und die Seele reinigt sich (Papathanassiou 2005, 124–126). Das Motiv der im Weißen verborgenen Röte findet sich u.a. in der *Turba* (Ruska 1931, 253) und im *Muṣḥaf aṣ-ṣuwar*, wo der Körper als „äußerlich weiß und innerlich rot" (أبيض في المنظر وأحمر في المخبر) beschrieben wird (Abt 2007, fol. 8b). König Theodoros fragt Aras, zitiert im *K. al-Māʾ*: „Wie soll die Färbung rot sein, wo sie doch von reinem Weiß ist? – [...] Sie mag äußerlich weiß sein (*fī l-maʿriḍa*), doch ist sie innerlich rot (*fī l-maḫbara*)" (Stapleton et al. 1933, 80). Will man Theodoros mit Qaydarūs identifizieren, so würde dieser hier eine Information an Marqūnus weitergeben, die er ursprünglich von Aras erhalten hat.

64 Die in diesem Zusammenhang in § 301 formulierte Idee, dass die Kunst (τέχνη) die Natur (φύσις) imitiere, ist antiken Ursprungs und wird auch von Ǧābir im *K. al-Baḥṯ* aufgegriffen. Im *K. al-Mawāzīn aṣ-ṣaġīr* schreibt er, dass die Kunst als zweite Schöpfung der ersten Schöpfung ähnlich sei (Kraus 1986, 99f).

plizit erwähnt wird. Nach seiner Zermahlung mit dem Öl und einem letzten Aufenthalt im Pferdebauch wird der Körper entnommen und dessen Verfahren für abgeschlossen erklärt. Der Abschluss des alchemischen Werks und zugleich des gesamten Lehrgesprächs ist somit vergleichsweise unspektakulär gestaltet. Der Körper wird zwar zum Schluss wieder mit der ihm zuvor entzogenen Seele vereinigt,[65] doch müsste dieser letzte Abschnitt des Werks eigentlich auch der Rötung (*taḥmīr* / χρυσοποιΐα) entsprechen, infolge derer der Metallkörper zu Gold umgewandelt wird.[66] Da der Körper hier auch nach der Zermahlung mit seiner „strahlenden Färbung" (*ṣibġuhū l-muzhir*) nicht rot oder goldfarben, sondern schwärzlichgrau erscheint, ist davon auszugehen, dass erst das ihm abschließend zugeführte Öl seine Transmutation herbeiführt,[67] wobei Qaydarūs allerdings keine Angaben zur Farbe des „vollendeten" (§ 325) Körpers macht.

2.2.2.3 Die Herstellung des Elixiers (§ 137–273)

Das von Qaydarūs geschilderte Verfahren der Trennung der Seele vom Körper der Magnesia (§ 109–136) veranlasst den König, Mītāwus zur Dichte und Körperlichkeit des Körpers zu befragen (§ 137–140).[68] Dieser schildert ihm daraufhin die Lösung des Körpers mit seinem Geist, die am Anfang eines insgesamt fünfstufigen Verfahrens steht, bei dem aus der wiederholten Lösung und Verfestigung von Körper,[69] Seele und Geist am

65 Dieser Vorgang wird ebenfalls in der *R. al-falakīya* geschildert, auch dort muss sich die Seele zum Abschluss des Werks wieder mit dem toten Körper vereinigen, den sie zuvor verlassen hatte (VERENO 1992, 214).

66 Vgl. ULLMANN 1972, 262; HOLMYARD 1957, 24f.

67 Auch hier würde somit die Interpretation des Öls als dem „färbenden Geist" (vgl. Anm. 58) Sinn ergeben. Hieraus erklärt sich auch die Notwendigkeit der vorherigen Sublimierung des Körpers, denn wie Zosimos anführt, muss der Körper selbst zu einem Geist gemacht worden sein, bevor er die Färbung des färbenden Geistes aufzunehmen vermag (BERTHELOT 1987/88 II, 449).

68 Dieser Zusammenhang wird auch im *Muṣḥaf aṣ-ṣuwar* hergestellt: لأن الجسد يصير لا جسد له حين يهدم ويموت وتستخرج منه نفسه (ABT 2007, fol. 14a) – „Denn der Körper verliert seine Körperlichkeit, wenn er zerstört wird und stirbt und seine Seele aus ihm herausgezogen wird." Ebenso bringt auch Stephanos die Trennung der Seele vom Körper mit dessen Auflösung und dem Verlust seiner Körperlichkeit in Verbindung (PAPATHANASSIOU 2005, 124–126).

69 Darauf, dass Mītāwus hier nicht von dem Körper der Magnesia aus dem zuvor von Qaydarūs beschriebenen Verfahren spricht, weist der Umstand hin, dass er diesen als weiß geworden schildert (§ 144), während der Körper der Magnesia nach Qaydarūs' Angaben zu diesem Zeitpunkt schwarz war (§ 276) und erst in dem später von ihm beschriebenen Verfahren geweißt wird. Es wäre auch denk-

Ende das Elixier hervorgeht. Dabei wird dem Körper fünf Mal hintereinander jeweils ein Teil von Seele und Geist zugeführt und mit ihm gelöst, bevor er anschließend wieder durch das Feuer verfestigt wird (1. § 144–166; 2. § 199–211; 3. § 212–215; 4. § 216–223; 5. § 239–245).

Die erste Lösung und Verfestigung beschreibt Mītāwus besonders ausführlich, so weist er auch darauf hin, dass es infolge der Lösung des Körpers mit dem Geist zu einer Gelbfärbung kommt (§ 159), die hier jedoch offenbar nicht Ziel des Verfahrens ist.[70] Anhand eines Vergleichs mit der Arbeitsweise der Töpfer erklärt er, dass das Feuer bei der Verfestigung nicht zu stark sein darf, damit die Seele nicht vor dem Körper flieht (§ 162–166).[71] Anschließend erläutert er den theoretischen Hintergrund des Vorgangs (§ 167–183): Da in dem Stein drei Feuer sind, die seinen färbenden Naturen entgegenwirken, färbt dieser erst, nachdem er durch Auftrennung, Reinigung und Zusammensetzung gegen seine feurigen Naturen resistent gemacht worden ist. Marqūnus bittet um genauere Informationen über die drei im Stein enthaltenen Feuer, die Mītāwus ihm in privatem Rahmen mitteilen will (ab § 184; vgl. Kap. 2.1.4). In diesem Zusammenhang beschreibt er auch die Befeuchtung des Körpers durch den Geist, der gleich dem Wasser in den Färbelösungen der Textilfärber die

---

bar, dass Mītāwus hier an sein anfangs geschildertes Verfahren des mineralischen Steins anknüpft, da die dort erfolgte Geburt des *mawlūd* in der Regel eine Weißung bezeichnet, auf die er möglicherweise in § 144 Bezug nimmt (vgl. Vereno 1992, 225). Der gesamte Dialog wäre demnach in eine regelmäßige Struktur gefasst, nach der beide Alchemisten, ausgehend von jeweils einem der beiden Steine, abwechselnd eine zusammenhängende Abfolge alchemischer Verfahren schildern, wobei Qaydarūs den Prozess der Metalltransmutation beschreibt und Mītāwus die Herstellung des Elixiers.

70 Der hier als Symbol der Gelbfärbung angeführte *wars* bezeichnet die jemenitische Färbepflanze *Memecylon tinctorium* (Wehr 1985, 1390), die schon bei den altarabischen Dichtern für ihre intensive gelb-rote Färbewirkung bekannt war (vgl. den Vers von Imru' al-Qays bei Ibn Manẓūr 2005, 4262). Falls diese Pflanze nicht schon in der griechischen Alchemie unter einem anderen Namen bekannt war, handelt es sich hierbei um ein eigenständig entwickeltes Symbol der arabischen Alchemisten.

71 Auch Hermes führt in einem Zitat in der *Rutbat al-ḥakīm* die Arbeit der Töpfer zur Illustration alchemischer Vorgänge an: „Look at the potter, how he kneads the earth with water [vgl. § 163] and then dries it in the sun. Next he treats it with fire and it becomes a body [...] and after that this holds the water [vgl. § 236] and does not disintegrate anymore“ (zitiert und übersetzt aus einer Hs. der Rampur Library bei Abt 2009, 103).

Färbung in sich trage.[72] Ibn Umayl nimmt dasselbe Gleichnis im *K. al-Māʾ* wieder auf.[73]

Nach der Schilderung der zweiten bis vierten Lösung und Verfestigung folgt ein kurzer zusammenfassender Einschub zum Verfahren der Vereinigung von Körper und Färbung (bzw. Geist) des Steins (§ 224–228).[74] Als der König Zweifel am Textilfärbergleichnis äußert, belegt Mītāwus dieses, indem er die Beschaffenheit der Körper mit jener von Tongefäßen vergleicht: Diese trügen Flüssigkeiten nur, weil auch der Ton, aus dem sie bestehen, wasserhaltig sei. Analog dazu trage auch der Körper die Färbung

---

72 Schon die hellenistischen Alchemisten verwenden das Beispiel der Textilfärberei zur Veranschaulichung alchemischer Vorgänge, vermutlich vor dem Hintergrund der langen Textilfärbetradition in Ägypten (Lindsay 1970, 122f). In der *Physika kai Mystika* wird die Herstellung von Färbelösungen aus Pflanzen erwähnt, was Synesios als Gleichnis für die Lösung der Körper deutet (Vereno 1992, 62). Denselben Vergleich führt Zosimos im *Muṣḥaf aṣ-ṣuwar* an: أصيري الأجساد أرواحا وقيسي تدبير هذه الصنعة بعمل أصباغ الثياب لأن الصباغين [...] أخرجوا لطيف صبغ الأعشاب [أنظر § 197] [...] ثم صبغوا بها أية ثياب شاؤوا [...] فتخرجي من غليظ الأجساد روحا لا شيء ألطف منه (Abt 2007, fol. 22a) – „Mache die Körper zu Geistern und vergleiche das Verfahren dieser Kunst mit dem Werk der Färbemittel in den Kleidern, denn die Färber […] haben die feine Färbesubstanz aus den Pflanzen extrahiert […] und dann mit ihr nach ihrem Belieben Kleider gefärbt […]. Extrahiere du also aus der Grobheit der Körper einen Geist, der feiner ist, als alles Andere."

73 *K. al-Māʾ*: الروح [...] هو الماء [...] وهذه النفس هي الصبغ المحلول المحمول فيه كما تحمل أصباغ الصباغين في مياههم ويصبغون بذلك الماء [...] ثيابهم فيفشى ذلك الماء وينبسط في الثوب فيجري ذلك الصبغ ماءه فيسلكان في الثوب ثم يذهب الماء بالتجفيف ويبقى الصبغ في الثوب [أنظر § 198] فكذلك ماء الحكماء محمول فيه صبغهم (Stapleton et al. 1933, 49f). – „Der Geist ist das Wasser […] und diese Seele ist die in ihm gelöste und getragene Färbesubstanz, so wie die Färbesubstanzen der Textilfärber in deren Wässern getragen werden. Mit jenem Wasser färben sie […] ihre Kleider, [dabei] wird jenes Wasser verteilt und breitet sich im Kleid aus, [wobei] jene Färbesubstanz mit ihm mitfließt, so dass sich beide im Kleid festsetzen. Dann verschwindet das Wasser durch die Trocknung und die Färbesubstanz verbleibt im Kleid. In gleicher Weise trägt das Wasser der Weisen ihre Färbesubstanz."

74 Das Verb *fariḥa* in § 227 nimmt Bezug auf den in der alchemistischen Literatur weitverbreiteten Aphorismus الطبيعة تلزم الطبيعة والطبيعة تقهر الطبيعة والطبيعة تفرح بالطبيعة – „Die Natur zwingt die Natur, die Natur besiegt die Natur, die Natur freut sich an der Natur", der beispielsweise auch im *K. al-Ḥabīb*, im *K. al-Māʾ* und in der *Turba* zitiert wird (Ullmann 1972, 149; 155; v. Lippmann 1919, 33). Der Lehrsatz geht zurück auf Demokrits *Physika kai Mystika* (Ἡ φύσις τῇ φύσει τέρπεται, καὶ ἡ φύσις τὴν φύσιν νικᾷ, καὶ ἡ φύσις τὴν φύσιν κρατεῖ; Berthelot 1987/88 II, 43). Auch das Motiv der Seele als Gefährtin des Körpers und der untrennbaren Verbundenheit der beiden findet sich in der *Turba* (Ruska 1931, 195).

nur durch die feine Substanz in ihm (§ 229–238). Zum Abschluss des Verfahrens entsteht dann aus der fünften Lösung und Verfestigung das Elixier, das als die „bleibende, strahlende, ewige Färbung der Wahrheit“ bezeichnet wird (§ 239–245).[75] Durch die wiederholten Verfestigungen in Feuern von jeweils zunehmender Intensität hat der Stein schrittweise gelernt, das Feuer zu bekämpfen (§ 215), so dass er dieses am Ende nicht mehr fürchtet (§ 245). Mītāwus erklärt Marqūnus schließlich, dass das Elixier zwar wertlos erscheine, jedoch für das Werk unerlässlich sei (§ 257–260).[76]

75 Vgl. *R. as-Sirr*: ويزداد صبغا خالدا ولونا طبيعيا لا يهابه النار ولا يذهب بطول الزمان [...] تجدين صبغ الحق الباقي الذي طلبته الحكماء على وجه الدهر فخذيه [...] وارفعيه في آنية الذهب – „Er [d.h. der Stein] nimmt zu an unvergänglicher Färbung, an natürlicher Farbe, die das Feuer nicht scheut und nicht vergeht im Laufe der Zeit. [...] du wirst [in ihm] die unvergängliche Färbung der Wahrheit finden, die die Weisen [schon] immer [...] gesucht haben. Nimm ihn [...] [und] bringe ihn in die Goldgefäße“ (Vereno 1992, 154f). Vgl. auch Ǧaʿfar im *Taʿwīḏ:* Körper, Seele und Geist sollen in untrennbarer Verbindung zu einer „einzige[n] steinartige[n] Substanz“ verbunden werden, „die die Feuer nicht verbrennen [...] durchdringend und alles färbend, was sich von den schmelzbaren (Metallen) mit ihm [*sic*] mischt“ (Ruska 1924 b, 61).

76 Für die Charakterisierung des Elixiers in § 257 finden sich zahlreiche Parallelen in anderen alchemistischen Texten: In einer *Risāla* des Ps.-Zosimos wird der Stein als „billig“ und „überall zu finden“, in der *Turba* als „verachtet und wertvoll“ charakterisiert (Ullmann 1972, 163; Ruska 1931, 193f). Ḏū n-Nūn al-Miṣrī, zitiert im *K. al-Māʾ*: ملقى على الأكوام والمزابل / محتقر في عين كل جاهل (Stapleton et al. 1933, 46; vgl. auch 26) – „Auf den Abfall und die Misthaufen geworfen / Verachtet im Auge eines jeden Unwissenden“. *Muṣḥaf aṣ-ṣuwar*: الموجود الذي يوجد في المزابل (Abt 2007, fol. 48a) – „jener, der sich auf den Misthaufen befindet“. Nach Zosimos bezeichneten bereits die Alten das alchemische Werk als „Kinderspiel und Weiberwerk“ (παιδίου παίγνιον καὶ γυναικὸς ἔργον) (v. Lippmann 1919, 77), so auch Sokrates in der *Turba* (Ruska 1931, 199). Maria spricht von einem „großen, verachtungswürdigen Geheimnis, das mit den Füßen gedroschen wird“ (سرّ عظيم يدرس بالأرجل) (Auszug aus Ms. Paris 1074 suppl. arabe in Berthelot 1967 III, ٩٠; 125).

3 Zusammenfassung: Der Dialog in seinem literarischen Kontext

Wie auch die meisten übrigen derzeit bekannten arabischen alchemistischen Pseudepigraphen führt die *R. al-ḥakīm Qaydarūs* die allegorisch-symbolisch geprägte alchemistische Tradition des Hellenismus fort und ist somit Teil eines von Ruska umschriebenen Kreises vermutlich in Ägypten verfasster Schriften, in denen unter fiktiven Autorennamen vor einem möglichst „geheimnisvollen oder imponierenden Hintergrund" Lehrgespräche zwischen Weisen, Propheten und Königen inszeniert werden, die nach Ruskas Auffassung den damaligen alchemistischen Lehrbetrieb widerspiegeln.[77] Neben der Dialogform[78] charakteristisch für diese Texte, zu denen beispielsweise auch die *Turba philosophorum*, das *K. aḏ-Ḏahab* und das *Muṣḥaf al-Ḥayāt* gehören, ist zudem die Berufung auf frühere alchemistische Autoritäten (vgl. § 19; 29; 37), die Verwendung verschiedener Decknamen und Gleichnisse sowie die islamisierende Darstellung der Alchemie als einer von Gott gesandten Wissenschaft. Ruska hält es für unwahrscheinlich, dass die Verfasser dieser Pseudepigraphen über eigene experimentelle Arbeitserfahrung verfügt haben, die Rezeption und Fortführung der hellenistischen Alchemie im islamischen Ägypten scheint vielmehr auf ausschließlich literarischer Ebene erfolgt zu sein.[79]

Für die Datierung des Qaydarūs-Dialogs dient das Sterbejahr des Verfassers des frühesten Textes der Nebenüberlieferung als *terminus ante quem:* Nach Stapleton starb Ibn Umayl um 960, so dass das *K. al-Māʾ*

77 Ruska 1931, 318–320; vgl. auch Plessner 1975, 130. Ruska (1936, 341f) hat die Herausbildung zweier verschiedener arabischer Alchemistenschulen angenommen, einer literarisch-allegorischen in Ägypten und einer praktisch-naturwissenschaftlichen im Osten. Sezgin (1971, 12; 156; 159) bezweifelt diese Theorie, er selbst sieht die Pseudepigraphen auf einem „weitaus primitivere[n] Niveau" als die „arabischen Schriften" Ǧābirs, ar-Razīs und anderer Autoren und erklärt sich diesen Eindruck damit, dass er die Pseudepigraphen der hellenistischen Alchemie zuordnet.

78 Lehrgespräche in Dialogform finden sich auch in den griechischen Schriften der hellenistischen Alchemie, vgl. z.B. den Dialog zwischen dem Sarapis-Priester Dioscorus und dem Philosophen Synesios (Berthelot 1987/88 II, 56–69) und das Buch des Oberpriesters Comarios, der Kleopatra in die Geheimnisse der Göttlichen Kunst einweiht (Berthelot 1987/88 II, 289–299).

79 Ruska 1931, 296; 318–323; Siggel 1937, 288.

Mitte des 10. Jh. verfasst worden wäre.[80] Sofern das *Incipit* nicht nachträglich zum Dialog hinzugefügt wurde, kann der Hinweis auf Ḫālid zur Ansetzung eines *terminus post quem* verwendet werden, da die Legende von der Verbindung Ḫālids zur Alchemie nach ULLMANN[81] nicht vor der ersten Hälfte des 9. Jh. entstanden ist. Einen weiteren Anhaltspunkt stellt der Schwur beim Licht der Ersten Ursache dar, der erst verfasst worden sein kann, nachdem sich die dementsprechende neuplatonische Terminologie im Arabischen überhaupt herausgebildet hatte, d.h. nach Erstellung der arabischen Proklos- und Plotinbearbeitungen im frühen 9. Jh.[82] Es ergibt sich eine Abfassungszeit von ca. 850–960 n. Chr., was demselben Zeitraum entspricht, den VERENO für die Abfassung der arabischen Fassung der *R. as-Sirr* angesetzt hat.[83] Für eine relativ frühe Abfassung des Dialogs sprechen die den Illustrationen des Kratesbuchs recht ähnlichen Abbildungen in Hs. أ, die v. LIPPMANN im Kratesbuch als Indiz für eine enge Verbindung des Textes zur griechischen Alchemie gewertet hat.[84] Daneben weist der Dialog noch weitere Parallelen zur Rahmengeschichte[85] des Kratesbuchs auf: Beide sollen sich im Serapeum befunden haben und von Ḫālid rezipiert worden sein (vgl. Kap. 2.1.1). Da der hier edierte Dialog neben transkribierten griechischen (*ḫašqullā, aṯāla, maġnīsiyā*) bereits auch spezifisch arabische Stoffbezeichnungen (*qily, wars*) enthält, wäre er nach RUSKA[86] später zu datieren als das Kratesbuch. Parallelen zur thematischen

80 STAPLETON ET AL. 1933, 123-125. SEZGIN (1971, 283f) hingegen geht von einer früheren Abfassung des *K. al-Māʾ* um 300/913 aus.

81 ULLMANN 1978, 216f.

82 Vgl. TAYLOR 1986, 39f.

83 VERENO 1992, 36; 332f. Sowohl bei der *R. as-Sirr* als auch bei der *R. al-falakīya* handelt es sich um arabische Bearbeitungen hermetischer Texte, die auf griechische Vorlagen aus dem 2.–3. Jh. zurückgehen.

84 v. LIPPMANN (1919, 359) hält das Kratesbuch für einen relativ frühen Text der arabischen Alchemie, da handschriftlich überlieferte Illustrationen bei den späteren arabischen Alchemisten „angeblich aus Gründen der Orthodoxie“ fehlen würden. Es scheint, dass die Zeichnungen in Hs. أ tatsächlich zum ursprünglichen Text des Qaydarūs-Dialogs gehören, da – zumindest in dieser Hs. – auch im Text auf die Abbildungen verwiesen wird. In der paraphrasierenden Hs. ب hingegen fehlen sowohl die Bilder als auch die textlichen Hinweise.

85 ABT (2007, 51) hat festgestellt, dass es sich beim Kratesbuch größtenteils um eine Epitome von Zosimos' *K. al-Mafātīḥ fī ṣ-ṣanʿa* handelt, in der Zosimos' Name durch *Qirāṭis* ersetzt wurde. Dies betrifft jedoch nicht die Fundgeschichte und den Anfang des Textes bis einschließlich der Abbildung der alchemischen Geräte.

86 RUSKA (1926, 54, Anm. 5) hält das *K. al-Ḥabīb* aufgrund dessen spezifisch arabischer Terminologie (u.a. *al-qily* für Alkali) für eindeutig jünger als das Kratesbuch.

Gesprächsführung des Qaydarūs-Dialogs finden sich beispielsweise in den alchemistischen *Sermones* der ebenfalls dialogisch gestalteten *Turba:* In beiden Texten verflechten die jeweiligen Gesprächsteilnehmer die Beschreibungen einzelner alchemischer Inhalte und Verfahren mit Bemerkungen zum Neid bzw. den Neidern, den Alten oder der göttlichen Eingebung.[87]

Die Herkunftslegende will den Ursprung des Textes im Serapeum und damit zeitlich vor der Zerstörung dieses Tempels Ende des 4. Jh. n. Chr.[88] situieren. Damit würde die Entstehung des Dialogs in die Blütezeit orientalisch und neuplatonisch beeinflusster geheimwissenschaftlicher Aktivität im Alexandria des 3. und 4. Jh. fallen, aus der zahlreiche Apokryphen und Pseudepigraphen von „Königen, Priestern und Philosophen" hervorgegangen sind.[89] Zugleich ist der Dialog auch von verschiedenen eindeutig arabischen Elementen geprägt, wie etwa den islamischen Verweisen auf Gott und das Jenseits, der Ḫālidlegende, der bislang nur aus arabischen Texten bekannten Figur des Marqūnus sowie der zentralen Bedeutung, die der Herstellung des Elixiers beigemessen wird.[90] All diese Merkmale schließen jedoch eine griechische Vorlage nicht aus. Es könnte sich daher beim Qaydarūs-Dialog durchaus um die arabische Bearbeitung eines uns im Original nicht überlieferten griechischen Textes handeln, nicht aber um eine direkte Übersetzung aus dem Griechischen.[91]

---

87 Eindeutige Hinweise zur chronologischen Einordnung des Dialogs lassen sich aus diesen Parallelen jedoch nicht ableiten, da die Textgeschichte der *Turba* selbst umstritten ist. So hat ABT (2007, 54–58) darauf hingewiesen, dass PLESSNERS These vom arabischen Ursprung der *Turba*, den dieser durch die seiner Annahme nach im 9. Jh. aus Indien überlieferte Giftmädchensage im 59. *Sermo* bewiesen sah, zu revidieren sei, da Zosimos die betreffende Passage bereits in ähnlicher Form im *Muṣḥaf aṣ-ṣuwar* erwähne und diese somit auch griechischen Ursprungs sein könne. Beim *Muṣḥaf aṣ-ṣuwar* handelt es sich nach ABT (2007, 24–26; 68) um die bearbeitete Übersetzung eines griechischen Zosimostexts, die u.a. in der *Turba* und im *K. al-Ḥabīb* zitiert werde und daher älter sei als diese Schriften.

88 Vgl. CHUVIN 1990, 65–69.

89 v. LIPPMANN 1919, 193.

90 Vgl. GARBERS/WEYER 1980, 63: Im Gegensatz zur griechischen Alchemie war bei den arabischen Alchemisten „der gesamte Transmutationsprozess auf die Herstellung dieses ‚Steins' ausgerichtet, bei deren Gelingen man die eigentliche Transmutation als relativ leicht ansah."

91 Im Hinblick auf die bereits edierten arabischen Pseudepigraphen zur Alchemie fällt auf, dass bislang noch keiner dieser Texte als unbearbeitete Übersetzung aus dem Griechischen identifiziert worden ist. Dies mag sicherlich in dem vergleichsweise geringen Umfang des bisher untersuchten Textmaterials begründet sein, es

Zu einem tieferen Verständnis der *R. al-ḥakīm Qaydarūs* könnten letztlich auch weitere intertextuelle Bezüge und Parallelen beitragen, die mit hoher Wahrscheinlichkeit noch in anderen, bislang unedierten und nicht untersuchten Pseudepigraphen aus dem von ULLMANN und SEZGIN dokumentierten Korpus arabischer alchemistischer Literatur zu finden sein werden. Eine kritische Edition und literaturwissenschaftliche Analyse dieser Texte wäre daher äußerst wünschenswert, zumal einige dieser Schriften durch spätere lateinische Übersetzungen auch prägend auf die abendländische Alchemie gewirkt haben und ihre Erschließung somit nicht zuletzt auch neue Einblicke in den wissenschaftlichen Transfer der alchemistischen Lehren von der hellenistischen Spätantike über die islamischen Kalifate bis ins Europa des Spätmittelalters und der Renaissance verspricht.

---

ließe sich jedoch auch als Hinweis darauf deuten, dass es reine Übersetzungen griechischer alchemistischer Schriften ins Arabische (ggf. auch über den Umweg des Syrischen), wie sie ULLMANN (1971, 174f; vgl. auch 1972, 151f) als Vorlagen für die von arabischen Autoren verfassten Pseudepigraphen annimmt, in dieser Form möglicherweise gar nicht gegeben hat. Demnach würde es sich bei der Alchemie – wie etwa auch bei der neuplatonischen Philosophie – um eine produktiv rezipierte hellenistische Wissenschaft handeln, deren arabische Tradenten immer auch als Bearbeiter der Texte gewirkt hätten. In Anlehnung an die Motive, Stilistik und Terminologie dieser Bearbeitungen griechischer Schriften könnten dann auch Pseudepigraphen gestaltet worden sein, die selbst keinen griechischen Text mehr zum Vorbild haben.

Literaturverzeichnis

1 Primärliteratur

1.1 Handschrift des *Kitāb fīhi ḫabar Yūḥīn al-Hindī*

Leiden, Universiteitsbibliotheek, Oosterse Collecties, Ms. Cod. Or. 440/4, fol. 61a–64a

5.1.2 Handschriften des *Risālat al-Ḥakīm Qaydarūs*

Dublin, Chester Beatty Library, Ms. 4501 / 3, fol. 97a–100a [*R. Qaydarūs*]. [أ]

Dublin, Chester Beatty Library, Ms. 4496 / 3, fol. 31b–37b [*R. al-Ḥakīm Qaydarūs*]. [ب]

Dublin, Chester Beatty Library, Ms. 3231 / 24, fol. 170b–178a, in margine [al-Ǧildakī: *K. as-Sirr al-maṣūn*]. [ج]

London, British Library, Ms. 1371 / Add. 23418, fol. 125b–126b [al-Ḥalabī: *K. aš-Šawāhid fī l-ḥaǧar al-wāḥid*]. [ح]

1.3 Gedruckte Quellen

AS-SĪMĀWĪ, Abū l-Qāsim Muḥammad b. Aḥmad al-ʿIrāqī (1923): *Kitāb al-ʿilm al-muktasab fī zirāʿat aḏ-ḏahab.* Hg. E. J. Holmyard. Paris. [س]

STAPLETON, Henry E. / TURĀB, ʿAlī / ḤUṢAYN, Muḥammad H. (Hg., 1933): *Three Treatises on Alchemy by Muḥammad bin Umail.* Calcutta (Memoirs of the Asiatic Society of Bengal XII / 1, 1–213).

2 Sekundärliteratur

ABT, Theodor et al. (Hg., 2003): *Book of the explanation of the Symbols: Kitāb Ḥall ar-Rumūz by Muḥammad Ibn Umail.* Zürich (Corpus Alchemicum Arabicum I).

ABT, Theodor (Hg., 2007): *The Book of Pictures Muṣḥaf aṣ-ṣuwar by Zosimos of Panopolis.* Zürich (Corpus Alchemicum Arabicum II. 1).

— (Hg., 2009): *Book of the explanation of the Symbols: Kitāb Ḥall ar-Rumūz by Muḥammad Ibn Umail. Psychological commentary by T. Abt.* Zürich (Corpus Alchemicum Arabicum I. B).

ARISTOTE (1966): *De la génération et de la corruption.* Texte établi et traduit par Ch. Mugler. Paris.

AL-AŠʿARĪ, Abū l-Ḥasan ʿAlī b. Ismāʿīl (1950): *Maqālāt al-islāmiyīn wa-ḫtilāf al-muṣallīn.* Kairo.

BADAWĪ, ʿAbdurraḥmān (Hg., 1955): *al-Aflāṭūnīya al-muḥdaṯa ʿinda l-ʿarab (Neoplatonici apud Arabes).* Kairo.

— (1972): *Histoire de la philosophie en Islam. Bd. I: Les philosophes théologiciens.* Paris.
— (1977): *Aflūṭīn ʿinda l-ʿarab (Plotinus apud Arabes: Theologia Aristotelis et fragmenta quae supersunt).* 3. Aufl. Kuwait.
AL-BAĠDĀDĪ, ʿAbd al-Qāhir b. Ṭāhir (1995): *al-Farq bayna l-firaq.* Hg. M. ʿAbd al-Ḥamīd. Beirut.
BAILLY, Anatole (1950): *Dictionnaire Grec – Français.* Paris.
BALĪNŪS AL-ḤAKĪM (1979): *Sirr al-ḫalīqa wa-ṣanʿat aṭ-ṭabīʿa. Kitāb al-ʿilal.* Hg. Ursula Weisser. Aleppo (Maṣādir wa-dirāsāt fī taʾrīḫ al-ʿulūm al-ʿarabīya al-islāmīya: Silsilat al-ʿulūm aṭ-ṭabīʿīya 1).
IBN AL-BAYTAR (1842): *Große Zusammenstellung über die Kräfte der bekannten einfachen Heil- und Nahrungsmittel von Abu Mohammed Abdallah ben Ahmed aus Malaga, bekannt unter dem Namen Ebn Baithar.* Bd. II. Übers. v. Joseph v. Sontheimer. Stuttgart.
BERTHELOT, Marcellin (1967): *La Chimie au Moyen Age.* 3 Bde. Nachdr. von 1893. Osnabrück.
— (1938): *Les Origines de l'Alchimie.* (1. Aufl. 1885). Paris.
— (1987/88): *Collection des anciens Alchimistes Grecs.* 3 Bde. Paris.
BHAGAT, Mansukh G. (1976): *Ancient Indian Asceticsm.* Neu-Delhi.
BIDEZ, Joseph / Frank CUMONT (2007): *Les mages hellénisés. Zoroastre, Ostanès et Hystaspe d'après la tradition grecque.* Paris (Collection d'Études Anciennes 134).
AL-BĪRŪNĪ, Abū r-Rayḥān M. b. Aḥmad (1958): *Taḥqīq ma lil-hind min maqūla maqbūla fi-l-ʿaql aw marḏūla.* Hayderabad (as-Silsila al-ǧadīda fī maṭbūʿāt dāʾirat al-maʿārif al-ʿuṯmānīya 11).
BROCKER, Max (1966): *Aristoteles als Alexanders Lehrer in der Legende.* Bonn.
CARUSI, Paola (2000): „Alchimia islamica e religione: la legittimazione difficile di una scienza della natura." In: Oriente Moderno XIX n. s., 461–502.
CHUVIN, Pierre (1990): *A Chronicle of the Last Pagans.* Cambridge, Mass./London.
D'ANCONA, Cristina (1995): *Recherches sur le Liber de causis.* Paris (Études de philosophie médievale LXXII).
DE JONG, P. / M. J. DE GOEJE (1865): *Catalogus Codicum Orientalium Bibliothecae Academiae Lugduno Batavae.* Bd. III. Leiden.
DIETERICI, Friedrich (1877): „Die Theologie des Aristoteles." In: *Zeitschrift der Deutschen Morgenländischen Gesellschaft,* Bd. 31. 117–126.
— (1883): *Die sogenannte Theologie des Aristoteles, aus dem Arabischen übersetzt und mit Anmerkungen versehen.* Leipzig.
DODGE, Bayard (1970): *The Fihrist of al-Nadim.* 2 Bde. New York / London.
ENDRESS, Gerhard (1990): „Der arabische Aristoteles." In: Balmer, Heinz / Beat Glaus (Hg.): *Die Blütezeit der arabischen Wissenschaft.* Zürich.
— (2003): „Athen – Alexandria – Bagdad – Samarkand. Übersetzung, Überlieferung und Integration der griechischen Philosophie im Islam." In: Bruns, Peter (Hg.): *Von Athen nach Bagdad. Zur Rezeption griechischer Philosophie von der Spätantike bis zum Islam.* Bonn.
VAN ESS, Josef (1992): *Theologie und Gesellschaft im 2. und 3. Jahrhundert Hidschra. Eine Geschichte des religiösen Denkens im frühen Islam.* Bd. II. Berlin u.a.

— (1997): *Theologie und Gesellschaft im 2. und 3. Jahrhundert Hidschra. Eine Geschichte des religiösen Denkens im frühen Islam.* Bd. IV. Berlin u.a.

— (2005): „Arabischer Neuplatonismus und islamische Theologie. Eine Skizze." In: Khoury, Raif G. / Jens Halfwassen (Hg.): *Platonismus im Orient und Okzident. Neuplatonische Denkstrukturen im Judentum, Christentum und Islam.* Heidelberg. 103–117.

FISCHER, Wolfdietrich (1987): *Grammatik des klassischen Arabisch.* 2., durchges. Aufl. Wiesbaden (Porta LinguarumOrientalium, N. S. 11).

FLÜGEL, Gustav (Hg., 1966): *Kitāb al-Fihrist.* Beirut.

FORSTER, Regula (2003): „‚Alexander, nimm den Stein, der kein Stein ist.' Hermetisches und Alchemisches in einer arabischen Fassung des pseudo-aristotelischen Secretum secretorum (*Sirr al-asrār*)." In: Nova Acta Paracelsica N.F. 17. 29–48.

— (2006): *Das Geheimnis der Geheimnisse. Die arabischen und deutschen Fassungen des pseudo-aristotelischen Sirr al-asrar / Secretum secretorum.* Wiesbaden (Wissensliteratur im Mittelalter 43).

— (2010): „Mittelalterliche arabischsprachige Dialoge. Eine Skizze an einem schiitischen Beispiel." In: Berliner Wissenschaftliche Gesellschaft (Hg.): *Jahrbuch 2009.* 129–149.

FRANK, Richard M. (1965): „The Neoplatonism of Ǧahm ibn Ṣafwān." In: *Le Muséon. Revue d'Études Orientales* 78. 395–424.

FÜCK, J. W. (1951): „The Arabic literature on alchemy according to an-Nadīm (A.D. 987). A translation of the tenth discourse of the Book of the Catalogue (*al-Fihrist*) with introduction and commentary." In: *Ambix IV,* Nr. 3 u. 4. 81–144.

GAFFIOT, Félix (1934): *Dictionnaire illustré Latin-Français.* Paris.

GARBERS, Karl/ Jost Weyer (Hg., 1980): *Kitāb fī ʿilm aṣ-ṣināʿa. Quellengeschichtliches Lesebuch zur Chemie und Alchemie der Araber im Mittelalter.* Hamburg.

GARDET, Louis (1960): „al-Asmāʾ al-ḥusnā." In: *Encyclopaedia of Islam, Second Edition.* Bd. I. Leiden. 714–717.

GIMARET, Daniel (1992): „Muʿtazila." In: *Encyclopaedia of Islam* 2. Bd. VII. Leiden. 783–793.

VON GLASENAPP, Helmuth (1958): *Die Philosophie der Inder. Eine Einführung in ihre Geschichte und ihre Lehren.* 2. Aufl. Stuttgart.

GUNDERSON, Lloyd L. (1980): *Alexander's Letter to Aristotle about India.* Meisenheim am Glan (Beiträge zur Klassischen Philologie 110).

GUTAS, Dimitri (1998): *Greek thought, Arabic culture: the Graeco-Arabic translation in Baghdad and early ʿAbbasid society (2nd-4th / 8th-10th centuries).* London.

HAMMER-JENSEN, Ingeborg (1921): *Die älteste Alchymie.* Kopenhagen.

AL-HASSAN, Ahmad Y. (2009): *Studies in al-Kimyaʾ. Critical Issues in Latin and Arabic Alchemy and Chemistry.* Hildesheim/Zürich/New York (Texte und Studien zur Wissenschaftsgeschichte 4).

HERMEIAS VON ALEXANDRIEN (1997): *Kommentar zu Platons Phaidros.* Übers. u. eingeleitet von Hildegund Bernard. Tübingen.

HOLMYARD, Eric J. (1928): *The Arabic works of Jābir ibn Ḥayyān. Edited with translation into English and critical notes.* Bd. I (Arabic texts). Paris.

— (1957): *Alchemy.* Harmondsworth.

HÖSLE, Vittorio (2006): *Der philosophische Dialog. Eine Poetik und Hermeneutik.* München.

ILAN, Tal (2008): *Lexicon of Jewish Names in Late Antiquity Part III: The Western Diaspora 330 BCE-650 CE.* Tübingen (Texts & Studies in Ancient Judaism 126).

AL-KARMĀNĪ, AḤMAD B. YŪSUF (1992): *Aḫbār ad-duwal wa-āṯār al-uwal fī t-tārīḫ.* Bd. III. Hg. A. Ḥaṭīṭ / F. Saʿd. Beirut.

KARTTUNEN, Klaus (1989): *India in early Greek literature.* Helsinki (Studia Orientalia, edited by the Finnish Oriental Society 65).

AL-KINDĪ, Abū Yaʿqūb b. Ishāq (1950): *Rasāʾil al-Kindī al-falsafīya.* Bd. I. Hg. Muḥammad Abū Rīda. Kairo.

KRAUS, Paul (Hg., 1935): *Jābir ibn Ḥayyān. Essai sur l'Histoire des idées scientifiques dans l'Islam. Textes choisis* (Bd. I). Paris/Kairo.

— (1986): *Jābir ibn Ḥayyān. Contribution à l'Histoire des idées scientifiques dans l'Islam. Jābir et la science grecque* (Bd. II). Paris.

LANE, Edward W. (1863–93): *An Arabic-English Lexicon.* 8 Bde. London.

LEIPOLDT, Johannes/Siegfried MORENZ (1953): *Heilige Schriften. Betrachtungen zur Religionsgeschichte der antiken Mittelmeerwelt.* Leipzig,

LIDDELL, Henry G./Robert SCOTT (1940): *A Greek-English Lexicon.* Revised and augmented throughout by Sir H. S. Jones with the assistance of R. McKenzie. Oxford.

LINDSAY, Jack (1970): *The Origins of Alchemy in Graeco-Roman Egypt.* London.

LIPPMANN, Edmund O. v. (1919): *Entstehung und Ausbreitung der Alchemie.* Berlin.

LLOYD, G. E. R. (1970): *Early Greek Science. Thales to Aristotle.* London.

MAAS, Paul (1950): *Textkritik.* 2. erw. Aufl. Leipzig.

IBN MANẒŪR, Abū l-Faḍl Ǧamāladdīn Muḥammad (1426/2005): *Lisān al-ʿarab.* 2 Bde. Beirut.

AL-MURTAḌĀ, Aḥmad b. Yahyā (1902): *Al-Muʿtazilah. Being an extract from the Kitābu-l Milal wa-n Niḥal. Part I: Arabic Text.* Hg. T. W. Arnold. Leipzig.

IBN AN-NADĪM, Muḥammad b. Abī Yaʿqūb b. Isḥāq (1871): *Kitāb al-Fihrist.* Hg. G. Flügel. Leipzig.

OTTO, Walter (1905-08): *Priester und Tempel im hellenistischen Ägypten.* 2 Bde. Leipzig.

PAPATHANASSIOU, Maria K. (2005): „L'oeuvre alchimique de Stéphanos d'Alexandrie: structures et transformations de la matière, unité et pluralité, l'enigme des philosophes." In: Viano, Cristina (Hg.): *L'alchimie et ses racines philosophiques. La tradition grecque et la tradition arabe.* Paris (Histoire des doctrines de l'Antiquité classique XXXII). 113–134.

PINGREE D. E. / S. Nomanul HAQ (1998): „Tabīʿa." In: *Encyclopaedia of Islam 2.* Bd. X. Leiden. 25–28.

PLESSNER, Martin (1975): *Vorsokratische Philosophie und griechische Alchemie in arabisch-lateinischer Überlieferung. Studien zu Text und Inhalt der Turba Philosophorum.* Wiesbaden.

PORPHYRE (1977): *De l'Abstinence.* Bd. I. Hg. Jean Bouffartigue. Paris.

RITTER, Hellmut (Hg., 1933): *Picatrix. Das Ziel der Weisen von Pseudo-Maǧrīṭī. 1. Arabischer Text.* Leipzig / Berlin (Studien der Bibliothek Warburg XII).

RUDOLPH, Ulrich (1989): *Die Doxographie des Pseudo-Ammonios. Ein Beitrag zur neuplatonischen Überlieferung im Islam.* Stuttgart (Abhandlungen für die Kunde des Morgenlandes XLIX, 1).

— / Claire MUCKENSTURM (1994): „Cal(l)anos." In: Goulet, Richard (Hg.): Dictionnaire des Philosophes Antiques. Bd. II. 157–162.

— (1995): „*Kalām* im antiken Gewand. Das theologische Konzept des *Kitāb Sirr al-ḫalīqa.*" In: Fodor, A. (Hg.): *Proceedings of the 14th Congress of the Union Européenne des Arabisants et Islamisants. Part I.* Budapest (The Arabist. Budapest Studies in Arabic 13/14). 123–136.

— (2004): *Islamische Philosophie.* München.

— (2005): „La connaissance des présocratiques à l'aube de la philosophie et de l'alchimie islamiques." In: Viano, Cristina (Hg.): *L'alchimie et ses racines philosophiques. La tradition grecque et la tradition arabe.* Paris (Histoire des doctrines de l'Antiquité classique XXXII). 155–170.

RUSKA, Julius (1924 a): *Arabische Alchemisten. I. Chālid ibn Jazīd ibn Muʿawīja.* Heidelberg (Heidelberger Akten der Von-Portheim-Stiftung. Arbeiten aus dem Institut für Geschichte der Naturwissenschaft 6).

— (1924 b): *Arabische Alchemisten II. Ǧaʿfar al-Ṣādiq, der sechste Imām.* (Heidelberger Akten der Von-Portheim-Stiftung. Arbeiten aus dem Institut für Geschichte der Naturwissenschaft 10).

— (1926): *Tabula Smaragdina. Ein Beitrag zur Geschichte der hermetischen Literatur.* Heidelberg (Heidelberger Akten der Von-Portheim-Stiftung. Arbeiten aus dem Institut für Geschichte der Naturwissenschaft 14).

— (1929): „Ein dem Chālid ibn Jazīd zugeschriebenes Verzeichnis der Propheten, Philosophen und Frauen, die sich mit Alchemie befaßten." In: Der Islam 18. 293–299.

— (1931): *Turba philosophorum. Ein Beitrag zur Geschichte der Alchemie.* Berlin (Quellen und Studien zur Geschichte der Naturwissenschaften und der Medizin 1).

— (1936): „Studien zu Muḥammad ibn Umail at-Tamīmī's Kitāb al-Māʾ al-Waraqī wa-l-Arḍ an-Najmīyah." In: Isis 24. 310–342.

— (1937): *Al-Rāzī's Buch Geheimnis der Geheimnisse. Mit Einleitung und Erläuterungen in deutscher Übersetzung.* Berlin (Quellen und Studien zur Geschichte der Naturwissenschaften und der Medizin 6).

SCHMIDT, Heinrich (1960): *Philosophisches Wörterbuch.* Hg. G. Schischkoff. 11. Aufl. Stuttgart.

SCHÜTT, Hans-Werner (2000): *Auf der Suche nach dem Stein der Weisen. Die Geschichte der Alchemie.* München.

SEZGIN, Fuat (1971): *Geschichte des arabischen Schrifttums. Bd. IV: Alchimie, Chemie, Botanik, Agrikultur bis ca. 430 H.* Leiden.

— (1979): *Geschichte des arabischen Schrifttums. Bd. VII: Astrologie, Meteorologie und Verwandtes bis ca. 430 H.* Leiden.

SHERWOOD TAYLOR, F. (1937/38): „The Origins of Greek Alchemy." In: Ambix, 1. 30–47.

— (1938): „The Alchemical works of Stephanos of Alexandria. Translation and Commentary. Part II: Letter of the same Stephanos to Theodoros." In: Ambix, 2. 39–49.

SIGGEL, Alfred (1937): „Das Sendschreiben ‚Das Licht über das Verfahren des Hermes der Hermesse dem, der es begehrt'." In: Der Islam 24. 287–306.

— (1950): *Arabisch-deutsches Wörterbuch der Stoffe aus drei Naturreichen, die in arabischen alchemistischen Handschriften vorkommen, nebst Anhang: Verzeichnis chemischer Geräte.* Berlin (Deutsche Akademie der Wissenschaften zu Berlin, Institut für Orientforschung, 1).

— (1951): *Decknamen in der arabischen alchemistischen Literatur.* Berlin (Deutsche Akademie der. Wissenschaften zu Berlin, Institut f. Orientforschung, 5).

STEINSCHNEIDER, Moritz (1956): *Die europäischen Übersetzungen aus dem Arabischen bis Mitte des 17. Jahrhunderts.* Graz (Nachdr. aus: Sitzungsberichte der Kaiserl. Akademie der Wissenschaften Wien 1904/05).

— (1960): *Die arabischen Übersetzungen aus dem Griechischen.* Graz (Nachdr. aus: Beiheft zum Centralblatt für Bibliothekswesen 5. 1889; 12. 1893).

AṬ-ṬABARĪ, Abū Ǧaʿfar Muḥammad b. Ǧarīr (1987): *Ǧāmiʿ al-bayān fī tafsīr al-qurʾān.* Bd. IX. Beirut.

TAYLOR, Richard C. (1986): „The *Kalām fī maḥḍ al-khair* (*Liber de causis*) in the Islamic philosophical milieu." In: Kraye, Jill et al. (Hg.): *Pseudo-Aristotle in the Middle Ages. The Theology and other texts.* London.

ULLMANN, Manfred (1971): „Kleopatra in einer arabischen alchemistischen Disputation." In: Wiener Zeitschrift für die Kunde des Morgenlandes 64, 403–426.

— (1972): *Die Natur- und Geheimwissenschaften im Islam.* Leiden/Köln (Handbuch der Orientalistik, 1. Abt., Ergänzungsbd. 6, 2).

— (1974): *Katalog der arabischen alchemistischen Handschriften der Chester Beatty Library. Teil I.Beschreibung der Handschriften.* Wiesbaden.

— (1978): „Ḫālid ibn Yazīd und die Alchemie: eine Legende." In: Der Islam 55, 181–218.

— (1979): „al-Kīmiyāʾ" In: *Encyclopaedia of Islam, Second Edition.* Bd. V. Leiden. 110-115.

VERENO, Ingolf (1992): *Studien zum ältesten alchemistischen Schrifttum auf der Grundlage zweier erstmals edierter arabischer Hermetica.* Berlin (Islamkundliche Untersuchungen 155).

VIANO, Cristina (Hg., 2005): *L'alchimie et ses racines philosophiques. La tradition grecque et la tradition arabe.* Paris (Histoire des doctrines de l'Antiquité classique XXXII). 91–108.

WEHR, Hans (1977): *Arabisches Wörterbuch für die Schriftsprache der Gegenwart.* 4. Aufl. Wiesbaden.

WEISSER, Ursula (1980): *Das „Buch über das Geheimnis der Schöpfung" von Pseudo-Apollonios von Tyana.* Berlin / New York.

WIEDEMANN, Eilhard/Julius Ruska (1924-25): „Alchemistische Decknamen." In: Sitzungsberichte der physikalisch-medizinischen Societät Erlangen 56/57. 17–36.

WITKAM, Jan J. (2007): *Inventory of the Oriental Manuscripts of the Library of the University of Leiden. Bd. I: Manuscripts Or. 1 – Or. 1000.* Leiden.

WOLFSON, Harry A. (1976): *The philosophy of the Kalam.* Cambridge, Mass.

WORMS, Moses (1900): *Die Lehre von der Anfangslosigkeit der Welt bei den mittelalterlichen arabischen Philosophen des Orients und ihre Bekämpfung durch die arabischen Theologen (Mutakallimûn).* Münster.

ZETZNER, Lazarus (Hg., 1622): *Theatrum Chemicum, praecipuos selectorum auctorum tractatus de chemiae et lapidis ..philosophici antiquitate, veritate, jure, praestantia, et operationibus continens.* Bd. V. Straßburg.

o. A. (2004): *al-Qurʾān al-karīm.* Hg. Ṣāliḥ b. Muḥammad b. ʿAbd al-ʿAzīz Āl aš-Šayḫ. Medina.

Glossar

1 Der Dialog zwischen Aristoteles und Yūhīn

1.1 Substanzen

Belegstellen	Mögliche Bedeutungen als Deckname	Übersetzung	Lexem
§ 47f; 111	Blei; Metallkörper (SIGGEL 1951, 34)	Erde	أرض
§ 89	Elixier; Eisenspäne; Chrysit (SIGGEL 1951, 35)	Androdamas / ανδροδάμας (wörtl.: ‚Menschenbezwinger‘)	أندرداموس
§ 89	Quecksilber (SIGGEL 1951, 36)	Borax	بورق
§ 93; 107f		Ei	بيضة
§ 89	Quecksilber (SIGGEL 1951, 36)	Borax	تنكار
§ 91		Zinkoxid	توتيا
§ 7; 62f; 68; 73f; 77f; 80; 82; 84f; 96f	Blei (SIGGEL 1951, 36)	(Metall-)-Körper / σῶμα	جسد ج أجساد
§ 1; 96f		Stein / λίθος	حجر ج أحجار
§ 54	Eisen (SIGGEL 1951, 38)	der Verachtenswerte	الحقير
§ 91	Elixier; Kupfer(brand); Schwefel; Goldlot; Grünspan (SIGGEL 1951, 16f)	Chrysokoll / χρυσόκολλα	خرشقلا
§ 46f		Rauch	دخّان
§ 82	Schwefel (SIGGEL 1951, 39)	Blut	دم

§ 89		das Öl des Hermes	دهن هرمس
§ 86; 88; 96		Gold	ذهب
§ 90	Quecksilber (SIGGEL 1951, 40)	Marmor	رخام
§ 92		Blei	رصاص
§ 62f; 65; 68-75; 77f; 81-85; 114		Geist / πνεῦμα	روح ج أرواح
§ 36f; 45-48; 116		Der Wind	ريح
§ 45		Schaum	زبد
§ 91	Quecksilber (SIGGEL 1951, 41)	Realgar	الزرنيخ الأحمر
§ 15; 90	Schwefel; Eisen (SIGGEL 1951; 41)	Safran	زعفران
§ 22	Kupfer (SIGGEL 1951, 42)	Gift	سمّ
§ 93	Elixier; Salmiak (SIGGEL 1951, 42)	das feurige Gift	السم الناري
§ 91		Blutstein	شاذنة
§ 89	Salmiak; Essig (SIGGEL 1951, 42)	Alaun	شبّ
§ 60; 69	Gold; Schwefel (SIGGEL 1951, 43)	Sonne	شمس
§ 73	Elixier (SIGGEL 1951, 43)	Teufel	شيطان
§ 26; 29		*Aloe vera*	صَبْر
§ 26		Honig	عسل
§ 86; 88; 92		Silber	فضة
§ 15		*Calamus aromaticus*	قصب الذريرة
§ 69	Silber (SIGGEL 1951, 47)	Mond	قمر

§ 91	Blei (Siggel 1951, 48)	Spießglanz, Antimon	كحل
§ 90		Sonnenspeichel	لعاب الشمس
§ 93	Quecksilber (Siggel 1951, 49)	Mondspeichel	لعاب القمر
§ 36; 38; 43-45; 47; 49; 111	Quecksilber (Siggel 1951, 49)	Wasser	الماء
§ 90		Gallapfelsaft	ماء العفص
§ 82	Blei (Siggel 1951, 51)	Schwarze Galle	مرّة سوداء
§ 91		Bleiglätte	مرتك
§ 45-48; 103	Schwefel; Salmiak (Siggel 1951, 52)	Feuer	نار
§ 91		Kupferbrand	النحاس المحرق
§ 89; 97	Quecksilber (Siggel 1951, 53)	Salmiak	نشادر / نوشادر
§ 72; 93; 111; 114	Schwefel; Quecksilber (Siggel 1951, 53)	Seele	نفس ج أنفس / نفوس
§ 39f; 43-45; 69f; 78; 103; 111; 116	Schwefel; Kupfer (Siggel 1951, 53)	Luft	هواء

1.2 Verfahren

Belegstellen[1]	Bemerkungen	Übersetzung	Lexem
§ 91	Vgl. Ullmann 1972, 262	Weißung / λεύκωσις	(تبييض)
§ 62f		Erhitzung	إحماء

1 Die Belegstellen verweisen auch auf die konjugierten Verbalformen der einzelnen Verfahren. Sind für ein Verfahren nur konjugierte Verbalformen im Text belegt, steht das Verbalsubstantiv in der Spalte ‚Lexem' in Klammern.

§ 89		Zermahlung	تدقيق
§ 89; 93	Vgl. Ullmann 1972, 262	Zerreibung / λείωσις	سحق
§ 90f	Vgl. Ullmann 1972, 263	Kochung / ἕψησις	طبخ
§ 101	Vgl. Ullmann 1972, 263	Putrefaktion / σῆψις	تعفين
§ 89	Vgl. Ullmann 1972, 263	Waschung / πλύσις	(غسل)
§ 91		Projektion / ἐπιβολή	(إلقاء)

2 Der Dialog zwischen Qaydarūs, Mītāwus und Marqūnus

2.1 Substanzen

Belegstellen	Bemerkungen	Übersetzung	Lexem
§ 310	αἰθάλη: Dunst; Rauch; Ruß (v. Lippmann 1919, 10; 39).	trockener Dunst / αἰθάλη	الأثالة اليابسة
§ 310	Möglicherweise von *ašqar* „fuchsrot" abgeleitet, einem Decknamen für Kupfer (Wiedemann/Ruska 1924/25, 24), oder aber eine Verschreibung von Ašqūniyā, die im *Muṣḥaf aṣ-ṣuwar* und im *K. Ḥall ar-rumūz* als „the murderess […] and the torturer of her husband" bezeichnet wird (Abt et al. 2003, 56f; vgl. Kap. B 3, Anm. 87).	weiße *ašqūriya*	الأشقورية البيضاء
§ 40; 42f	Siggel 1951, 35: Quecksilber; Kupfer	das Weibliche	الأنثى
§ 51	Siggel 1951, 35: Quecksilber; Silber ; Elixier	Meer	بحر
§ 310		Staub	التربة
§ 226		Speichel	تفل

§ 151f	Von Ibn Umayl auch als „schwarze Erde" bezeichnet (Vereno 1992, 229; vgl. Ruska 1931, 195, Anm 1)	Rückstand / σκωρία / *faex*	الثفل
§ 291	Siggel 1951, 36: Quecksilber	Schnee	ثلج
§ 104; 138; 144f; 147f; 153; 182; 191f; 194; 199; 218; 220-222; 227; 239; 262; 264; 271; 300	Metallkörper; Blei (Siggel 1951, 36). Im Text lässt sich keine eindeutige semantische Trennung der Begriffe *ǧasad* und *ǧism* feststellen, beide werden offenbar als Äquivalente des gr. σῶμα verwendet.	Körper / σῶμα	جسد
§ 86; 115; 122; 124; 132; 158; 160f; 226; 271; 274-276; 285; 290	Körper; Silber (Siggel 1951, 36) Vgl. Eintrag *ǧasad*	Körper / σῶμα	جسم
§ 55; 88; 233		Substanz	جوهر
§ 243		grüner Edelstein	جوهر أخضر
§ 46; 51; 95; 100; 168; 171; 174; 225; 264; 266		Stein / λίθος	الحجر
§ 109		der schwarze Stein	الحجر الأسود
§ 99		der Stein der Öle	حجر الدهان
§ 99	Vgl. Kap. 2.3, Anm. 8. Ebenfalls im *Muṣḥaf aṣ-ṣuwar* erwähnt (Abt 2007, fol. 190r).	der vergoldete Stein	الحجر المذهّب
§ 311		der edle Stein	الحجر الكريم
§ 27; 30		die beiden Steine	الحجران
§ 310	Siggel 1951, 16f: Elixier; Kupfer(brand); Schwefel; Goldlot; Grünspan	Chrysokoll / χρυσόκολλα	خشقلا
§ 159; 264	Zosimos vergleicht die Wirkung des Elixiers mit jener von Hefe	Hefe / ζύμη	خمير/خميرة

	(V. LIPPMANN 1919, 80; vgl. ULLMANN 1972, 259). SIGGEL 1951, 39: Quecksilber.		
§ 99; 101f; 160; 284; 323		Öl	دهن
§ 40	SIGGEL 1951, 40: Schwefel; Zinn; Eisen	das Männliche	الذكر
§ 243		Gold	ذهب
§ 83; 85; 91; 215; 259; 272		Verbindung	المركّب
§ 95; 305f	„Allgemeiner Ausdruck für pulverige Produkte chemischer Operationen“ (RUSKA 1931, 194, Anm. 6)	Asche / τέφρα; σποδός	رماد
		Geist / πνεῦμα	روح
§ 182	SIGGEL 1951, 41: Schwefel	färbender Geist / πνεῦμα βαπτικόν	الروح الصابغة
§ 310		Geist des Kupferbrands	روح النحاس المحرق
§ 121	Entspricht nach VERENO (1992, 199) der im Inneren des Geistes verborgenen Seele.	Wind	ريح
§ 310		in Feuer gekleideter Wind	الريح الملبّس ناراً
§ 310	*zuḥal:* Blei (SIGGEL 1951, 41)	hoher Saturn auf den Sphären	زحل العالي على الأفلاك
§ 260		schädliches Raubtier	السبع الضاري
§ 121; 128		(tödliches) Gift	سمّ (قاتل)
§ 102; 124; 275; 282; 285f	Elixier; Salmiak (SIGGEL 1951, 42). Das Elixier durchdringt den Metallkörper wie Gift den menschlichen Körper (ULLMANN 1972, 259).	feuriges Gift	السمّ الناري

§ 111	SIGGEL 1951, 42: Salmiak; Essig	Alaun	شبّ
§ 187	SIGGEL 1951, 43: Elixier, Salmiak	Seife der Weisen	صابون الحكماء
§ 27f; 40; 55; 104; 117; 119; 166; 168; 180; 187; 191; 196; 198; 226; 229; 232; 245; 278-280; 316	SIGGEL 1951, 44: Schwefel	Färbung / βαφή	صبغ
§ 69	SIGGEL 1951, 44: Gold; Schwefel	Gummiharz	صمغة
§ 310	Im *K. al-Māʾ*: الضابط للأصباغ (STAPLETON et al. 1933, 60)	Fixierer der Färbungen	ضابط الأصباغ
§ 260	SIGGEL 1951, 44: Quecksilber	weißer Vogel	طير أبيض
§ 163; 236		Tonerde	طين
§ 187	Vgl. WEHR 1985, 845	Saflor (*Carthamus tinctorius*)	العصفر
§ 310		Wohlriechender der Weisheit	عاطر الحكمة
§ 61; 68		der verbrannte Knochen	العظم المحروق
§ 156	Hier als Deckname für den groben Rückstand des Körpers (*ṯufl*) angeführt.	Bodensatz	العكر
§ 51	SIGGEL 1951, 46: Gold	Auge	عين
§ 156	Hier als Deckname für den groben Rückstand des Körpers (*ṯufl*) angeführt.	Schmutzwasser	الغسالة
§ 172		Silber	فضة
§ 187; § 310	*kibrīt abyaḍ:* Elixier, Zinn (SIGGEL 1951, 48)	die weiße Schwefelige	الكبريتية البيضاء

§ 260	*kalb*: Elixier; Schwefel; Salmiak (Siggel 1951, 48)	schädlicher Hund	الكلب الضاري
§ 95; 310		Kalk	كلس
§ 310	Ebenfalls bei Ibn Umayl (z.B. Stapleton et al. 1933, 20; 25; Abt et al. 2003, 62) und in der *R. al-falakīya* (Vereno 1992, 172f).	Siegeskranz	إكليل الغلبة
§ 133		Schneckenspeichel	لعاب الحلزون
§ 66f; 95; 163; 175; 197f; 203; 230; 235f; 237; 275; 289f		Wasser	الماء
§ 65; 75; 111; 127; 133	θεῖον ὕδωρ: destillierter Schwefel; arabisch *mā᾽ al-kibrīta* oder *al-mā᾽ al-ilāhī* (Ullmann 1972, 267)	Schwefelwasser / θεῖον ὕδωρ	ماء الكبريت
§ 271f		feuriges Wasser	الماء الناري
§ 275; 287	Vgl. v. Lippmann 1919, 110	weißes Rosenwasser / ῥοδόσταγμα	ماء الورد الأبيض
§ 92; 109	*maġnīsiyā:* Kupfer (Siggel 1951, 51); die Magnesia der Weisen würde demnach jenem Stoff entsprechen, den die gr. Alchemisten als „unser Kupfer“ bezeichnet haben.	Magnesia (der Weisen) / μαγνησία	مغنيسياء (الحكماء)
§ 132		scharfes Salz	الملح الأجاج
§ 187		Meersalz	ملح البحر
§ 260		offenkundiges Haushaltssalz	ملح البيوت الظاهر
§ 68		Alkalisalz	ملح القلي
§ 40	Siggel 1951, 53: Quecksilber	Samentropfen	نطفة

§ 55f; 65; 117; 136; 161; 168; 199f; 212; 216; 220f; 225; 239f; 262; 264; 274; 276; 284; 315-317; 319	SIGGEL 1951, 53: Schwefel; Quecksilber	Seele	نفس
§ 42; 70; 114; 160f; 165; 175; 178; 182-184; 187; 189-191; 207f; 211; 213; 215; 217f; 236; 241f; 245; 294f; 297; 299-301	SIGGEL 1951, 52: Schwefel; Salmiak	Feuer	نار
§ 132		das weiße Feuer	النار البيضاء
§ 177; 275	Ibn Umayl setzt *nār aṭ-ṭabīʿa* mit *aš-šams* (Sonne/Gold) gleich (STAPLETON et al. 1933, 65).	das Feuer der Natur	نار الطبيعة
§ 292f		Bleichungsfeuer	نار القصارة
§ 299		Aludel-Feuer	نار الأثال
§ 51; 65; 264	*an-nayyirān:* Bezeichnung für ‚Sonne und Mond' bei Ǧābir (*K. al-Mawāzīn aṣ-ṣaġīr* und *K. ar-Raḥma aṣ-ṣaġīr,* BERTHELOT 1967 III, ١١٤; 103), in der *R. as-Sirr* und in der *R. al-falakīya* (vgl. VERENO 1992, 143; 176f). Im hier edierten Dialog mit der Bedeutung ‚Seele und Geist'.	die beiden (gereinigten) Leuchtenden	النيّران (المطهّران)
§ 260		der dritte Salmiak	النوشادر الثالث
§ 42; 164; 197; 230	SIGGEL 1951, 53: Schwefel; Kupfer	Luft	الهواء
§ 159		*wars* (*Memecylon tinctoria*)	الورس

§ 156	Vgl. Kap. 2.3, Anm. 16. *wasaḫ:* Blei, Eisen (Siggel 1951, 54). Hier als Deckname für den groben Rückstand des Körpers (*ṯufl)* angeführt.	Schmutz (?)	الوسيخ
§ 44; 118; 136		das Neugeborene	المولود

2.2 Geräte

Belegstellen	Bemerkungen	Übersetzung	Lexem
§ 292; 294; 299; 304	Apparat zur Destillation und Sublimation trockener Substanzen (Ullmann 1972, 265)	Aludel / αἰθάλιον	أُثال
§ 57; 84; 85; 122; 129; 166; 243; 320		Gefäß	إناء
§ 160		Verfestigungsgefäß	إناء العقد
§ 61; 117; 127; 287; 317; 324	*baṭn* (Bauch) entspricht *qarʿ* (Kürbis): Kolben für chemische Reaktionen (Siggel 1950, 95). *baṭn al-fars:* Ebenfalls in zwei Hss. von Ibn Umayls *K. Ḥall ar-rumūz* (vgl. Abt et al. 2003, 134)	Pferdebauch	بطن الفرس
§ 70		Irdener Ort	البلدة الفخّارية
§ 288		Bad	حمام
§ 110	Ebenfalls in der *R. as-Sirr* (vgl. Vereno 1992, 145)	Mörser der Weisen	مداك الحكماء
§ 84; 86	*R. Qabas al-qābis*: *qamīn* (Siggel 1937, 301); *R. as-Sirr: qāmīn* (vgl. Vereno 1992, 232, Anm. 213)	Brennofen / κάμινος	قامين
§ 135	Nach Ibn Umayl entspricht der obere Teil der Kuppel (*aʿlā l-qubba*) dem Alembik (*al-anbīq*) (Stapleton et al. 1933, 37), d.h. dem Destillierhelm, der auf den Kolben aufgesetzt wird (vgl. Ullmann 1972, 265).	Kuppeln der Weisen	قبب الحكماء

§ 78; 122		Sieb der Weisen	منخل الحكماء
§ 182		Waage der Wahrheit	ميزان الحق

2.3 Verfahren

Belegstellen[2]	Bemerkungen	Übersetzung	Lexem
§ 104; 226	Vgl. ULLMANN 1972, 262	Weißung / λεύκωσις	(تبييض)
§ 55; 178	Vgl. ULLMANN 1972, 262	Verbrennung / καῦσις	حرق / إحراق
§ 84; 158		Umrühren	تحريك
§ 102; 158; 189; 302	Vgl. ULLMANN 1972, 262. *inḥilāl:* § 95; 203-206; 212; 240; 280	Lösung / λύσις	حلّ
§ 301	Es handelt sich um eine Art der Hochtreibung (ULLMANN 1972, 262)	„Erweichung"	(ترخيم)
§ 102	Vgl. ULLMANN 1972, 262	Zusammensetzung / σύνθεσις	تركيب
§ 315		Vermählung	(تزوّج)
§ 69; 110; 124; 132; 201; 203; 288; 317; 319; 323	Vgl. ULLMANN 1972, 262	Zerreibung / λείωσις	سحق
§ 57f; 135; 277; 300; 304	Vgl. ULLMANN 1972, 263	Sublimation; Destillation	إصعاد / تصعيد
§ 56; 134	Vgl. ULLMANN 1972, 263	Reinigung / κάθαρσις	(تصفية)
§ 181; 225f	Vgl. ULLMANN 1972, 263	Reinigung	(تطهير)
§ 60; 123; 131; 135; 203; 212; 225; 239f		Isolierung	(عزل)
§ 288	Vgl. ULLMANN 1972, 263	Putrefaktion / σῆψις	(تعفين)

2 Die Belegstellen verweisen auch auf die konjugierten Verbalformen der einzelnen Verfahren. Sind für ein Verfahren nur konjugierte Verbalformen im Text belegt, steht das Verbalsubstantiv in der Spalte ‚Lexem' in Klammern.

§ 102; 189; 199; 207; 213; 215; 217; 241; 264	Vgl. ULLMANN 1972, 263. *inʿiqād:* § 95; 161; 212; 220	Verfestigung / πῆξις	عقد
§ 55; 180f; 225; 271; 284		Auftrennung	تفصيل
§ 180; 191f; 226; 275	Vgl. ULLMANN 1972, 263	Waschung / πλύσις	غسل
§ 189; 191f; 226; 284		Bleichung	تقصير / قصارة
§ 95		Kalzination	(تكلّس)
§ 61; 65f; 102; 147		Hinzufügung	(إلحاق)
§ 315		Befruchtung	(تلقيح)
§ 222	Gemeint ist die Projektion des Elixiers auf den Metallkörper (vgl. ULLMANN 1972, 259).	Projektion / ἐπιβολή	إلقاء
§ 78; 110; 122; 129; 134; 139; 151; 264		Siebung	نخل
§ 180		Zerstörung	نقض

Studien zum Modernen Orient

SMO 12

Sara Winter

»Ein alter Feind wird nicht zum Freund«

Fremd- und Selbstbild in der aserbaidschanischen Geschichtsschreibung

Berlin 2011, Br. 131 S., 978-3-87997-385-9

SMO 13

Fawzi Habashi

Prisoner of All Generations

My Life in the Homeland Egypt

Berlin 2011, Pb. 292 pp., 978-3-87997-350-7

SMO 17

Nadine Kreitmeyr

Der Nahostkonflikt durch die Augen Hanzalas

Stereotypische Vorstellungen im Schaffen
des Karikaturisten Naji al-ʿAli

Berlin 2012. Br. 150 S., 978-3-87997-402-3

SMO 19

Claus Schönig/Ramazan Çalık/Hatice Bayraktar

Türkisch-Deutsche Beziehungen

Perspektiven aus Vergangenheit und Gegenwart

Berlin 2012. Pb. 426 pp., 978-3-87997-386-6

SMO 20

Ariela Gross

Reaching „*waʿy*“

Mobilization and Recruitment in Hizb al-Tahrir al-Islami. A Case Study

Berlin 2012. Pb. 111 pp., 978-3-87997-405-4

SMO 21

Christiane Czygan

Zur Ordnung des Staates

Jungosmanische Intellektuelle und ihre Konzepte
in der Zeitung *Ḥürrīyet* (1868–1870)

Berlin 2012. Pb. 316 pp., 978-3-87997-407-8

K S

Klaus Schwarz Verlag GmbH • Fidicinstr. 29 • D-10965 Berlin
Tel. +30-916 82 749 • +30-916 82 751 • Fax +30-322 51 83
www.klaus-schwarz-verlag.com
dist@klaus-schwarz-verlag.com

Bei Fragen zur Produktsicherheit wenden Sie sich bitte an:
If you have any questions regarding product safety,
please contact:

Walter de Gruyter GmbH
Genthiner Straße 13
10785 Berlin
productsafety@degruyterbrill.com